《解码科学》系列

在思维的空间里漫游

——化学趣味探索实验

丛书主编　杨广军

丛书副主编　朱焯炜　章振华　张兴娟

徐永存　于瑞莹　吴乐乐

本册主编　张　健

本册副主编　卢红徐　程　燕　巩　婷

天津人民出版社

图书在版编目（CIP）数据

　　在思维的空间里漫游：化学趣味探索实验／张健主
编.-- 天津：天津人民出版社, 2011.9（2018.5重印）
　　（巅峰阅读文库. 解码科学）
　　ISBN 978-7-201-07215-9

　　Ⅰ.①在…　Ⅱ.①张…　Ⅲ.①化学实验—普及读物
Ⅳ.① O6-3

　　中国版本图书馆 CIP 数据核字（2011）第 192870 号

在思维的空间里漫游：化学趣味探索实验
ZAI SIWEI DE KONGJIAN LI MANYOU：HUAXUE QUWEI TANSUO SHIYAN

出　　版　天津人民出版社
出 版 人　黄　沛
地　　址　天津市和平区西康路35号康岳大厦
邮政编码　300051
邮购电话　（022）23332469
网　　址　http://www.tjrmcbs.com
电子邮箱　tjrmcbs@126.com

责任编辑　冯维聪
装帧设计　3棵树设计工作组

制版印刷　北京一鑫印务有限公司
经　　销　新华书店
开　　本　787×1092毫米　1/16
印　　张　13.5
字　　数　270千字
版次印次　2011年9月第1版　2018年5月第2次印刷
定　　价　26.80元

卷 首 语

　　你可知道，化学对于我们是如此的不可或缺？生活离不开化学——衣食住行、柴米油盐，哪一样没有化学的影子？尖端科技也离不开化学——火箭的高能燃料、汽车的环保电池、深海的海底探险、太空的世纪行走，又哪一样能够离得开化学？更别说医学的抗癌药物、人类的益寿延年等等也要得益于化学的帮助。但与此同时，化学的滥用也给我们带来很大的负担和深重的不良影响……

　　化学是我们的朋友，化学也污染了我们的环境。让我们一起，走进实验室，与化学亲密接触，一起进行趣味的探索与实验，去享受它的善，也看清它的恶吧。

目　录

化学趣味探索实验

化学趣味探索实验

趣味篇

探索篇

实践篇

化学趣味探索实验

化

学

趣

味

探

索

实

验

生活篇

跟你捉迷藏的颜色
——时隐时现的蓝色

颜色是通过眼、脑和我们的生活经验所产生的一种对光的感应。人们有时也将物质能产生不同颜色的性质直接称为颜色。经研究发现，很多颜色具有神奇的作用，如蓝色有降温冷却的作用，可以减轻痉挛、呼吸系统等疾病症状，也可以化解人们心中的愤怒和仇恨。蓝色在治疗痢疾、哮喘、高血压等方面也有一定的作用。另外，蓝色还具有催眠的特殊功能。下面的实验就与颜色有关，它是中学

◆蓝色的花

化学实验教材上的一个很有趣的实验。通过它，可以帮助读者找到颜色变化的原因。具体的实验如下。

化学趣味探索实验

实验用品

锥形瓶或圆底烧瓶、1mol/L NaOH 溶液、1mol/L 葡萄糖溶液、3mol/L 亚甲基蓝溶液。

原理介绍   变色实验原理

亚甲基蓝的水溶液呈蓝色，在碱性条件下，葡萄糖可以把它还原为无色，在搅拌条件下，空气会把无色产物氧化为蓝色，放置一段时间后，蓝色又被还原为无色。

实验步骤

1. 将 50mL 浓度为 1mol/L 的 NaOH 溶液、30mL 浓度为 1mol/L 的葡萄糖溶液、3～5mL 浓度为 3mol/L 的亚甲基蓝溶液及 15～17mL 蒸馏水分别注入圆底烧瓶中并混合均匀。在开始的 2～4 分钟里,溶液会呈现蓝色,接着蓝色会逐渐消失,变为无色,并形成斑纹状的结构。

2. 用力晃动圆底烧瓶或用玻璃管向溶液中吹气,圆底烧瓶中就会出现与原来相似的颜色(蓝色),而静置几分钟之后,蓝色溶液又会转变为无色。

实验现象

由于这个实验过程体现的是一种热力学平衡,在 2～3 小时后这个实验现象就完全消失。若实验中再滴加其他指示剂,如酚酞试液,还可以观察到更加有趣的颜色变化现象。

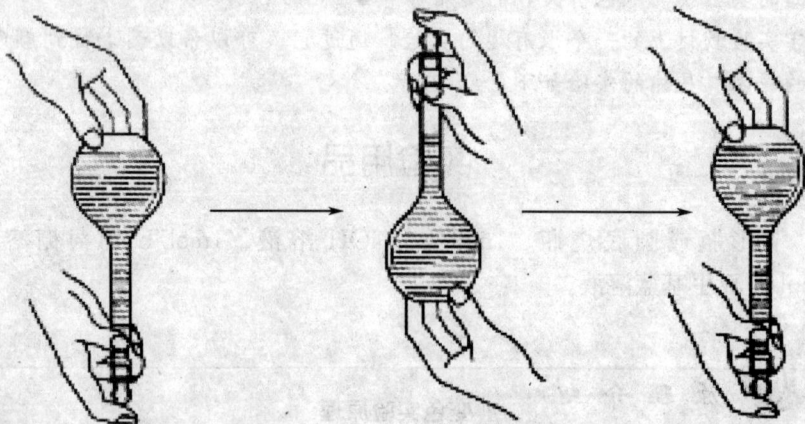

◆将容量瓶中的溶液混合均匀

知识拓展——葡萄糖

葡萄糖的结构简式为：

$$CH_2—CH—CH—CH—CH—CHO$$
$$\quad OH\quad OH\quad OH\quad OH\quad OH$$

或为：$CH_2OH—CHOH—CHOH—CHOH—CHOH—CHO$

或为：$CH_2OH\ (CHOH)_4CHO$

葡糖糖的作用：

葡萄糖在人的生命活动中是不可缺少的物质，能直接参与人体内的新陈代谢过程。

在人体中，葡萄糖比其他任何形式的单糖都容易被消化道吸收，而且被吸收后能直接被人体组织利用。葡萄糖作为机体所需能量的主要来源，在体内被氧化成二氧化碳和水，同时供给热量。

药理作用：葡萄糖能补充人体内的水分和糖分，具有补充体液、供给能量、补充血糖、强心利尿、解毒等

◆直链式－D－葡萄糖

作用。葡萄糖能促进肝脏的解毒功能，对肝脏有保护作用。其5％溶液为等渗液，可用于各种急性中毒，以促进毒物排泄；其10％～50％为高溶液，用于低血糖症、营养不良，或用于心力衰竭、脑水肿、肺水肿等病症的治疗。

葡萄糖作为非处方药主要用于：（1）配制口服补液盐以调节体液；（2）口服可用于身体虚弱、营养不良等；（3）用于血糖过低者。

链接——物理中的振荡

在反应器中，某空间位置上的浓度或温度发生周期性变化的现象是反应过程中的一类不稳定现象。当外部条件恒定时，反应系统产生的振荡称为自由振荡。在工业反应器中应尽力避免这类振荡的发生。

在电场中，当所有的发电机都以同步转速旋转的时候，并列运行的各发电机之间相位没有相对变化，系统各发电机之间的电势差为恒定数值，系统中各点电压和各回路电流均不变。当电力系统由于某种原因受到干扰时（如短路、故障切除、电源的投入或切除等），并列运行的各同步发电机间电势差将随时间变化，系统中各点电压和各回路电流也随时间变化，这种现象称为振荡。

电力系统的振荡有同步振荡和异步振荡两种情况：能够保持同步而稳定运行的振荡称为同步振荡；导致失去同步而不能正常运行的振荡称为异步振荡。

化
学
趣
味
探
索
实
验

不用电的灯——化学灯

　　有光明的地方就有人类文明。人类在数万年以前就已经懂得使用自然之火来御寒、烧烤食物和照明。人类从开始使用简单粗糙的石灯到青铜灯，从陶瓷灯到电灯已经有 3000 多年的历史了，灯具的发展史是社会经济和文化的缩影。位于宛平城中的"万家灯馆"用其保存的上百盏的古灯给公众讲述着灯具变迁的悠久历史。现在，我们见到的灯几乎都是用电的。而在实验室中除了电灯、煤气灯、酒精灯外，还可以做出一种新型灯，这就是化学灯。

◆古代青铜灯具

化学趣味探索实验

实验原理

　　硫在遇到熔化的硝酸钾时会发生剧烈反应，同时放出大量的热，使反应中生成的亚硝酸钾被加热，进而发出耀眼的白光。

$$2KNO_3 \xrightarrow{加热} 2KNO_2 + O_2$$
$$S + O_2 \longrightarrow SO_2$$

实验用品

试管夹、硬质大试管、镊子、酒精灯、硝酸钾、硫块。

实验步骤

1. 把装有 5g 硝酸钾的大试管用试管夹夹住，用酒精灯加热试管底部，使硝酸钾熔化。

2. 拿开酒精灯，向试管里每隔半分钟投入黄豆大小的硫块。等待实验现象。

化
学
趣
味
探
索
实
验

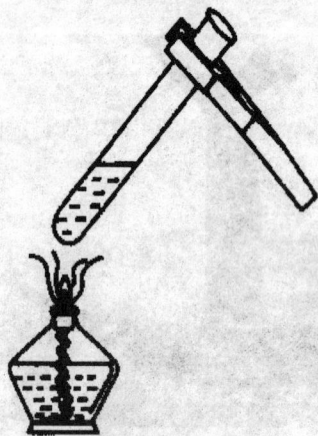

◆加热使硝酸钾融化

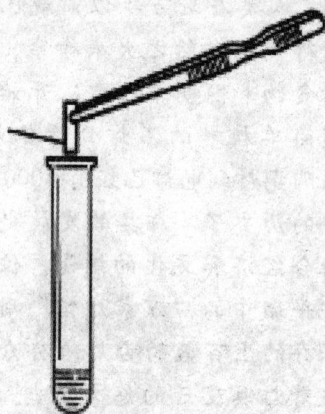

◆用镊子向试管中加硫块

实验现象

试管内持续地发出耀眼的白光，可以照明一段时间。

这就是化学灯。如果实验室突然停电，我们就可以自己制作化学灯应急了。

◆硫块

小书屋

硝酸钾

硝酸钾【英文名称】potassium nitrate；俗称火硝或土硝。它是黑火药的重要原料【结构或分子式】KNO_3【相对分子量或原子量】101.10【密度】2.109（16℃）【熔点】（334℃）【性状】无色透明棱柱状晶体或粉末。

知识拓展——灯丝面面观

知识点拨：

在电灯的发明过程中也应用了化学知识，那么都用了哪些化学知识呢？

1. 灯丝为什么要用钨丝？首先，灯丝发光是不可燃物白热化的现象。白热化是当物体受热到1200～1500℃时发出白光的现象。因为钨丝的导电性能并不是很好，电阻也较大，在通电时间相同的情况下，钨丝产生的热量较多，足以使它达到白热化。这时，钨丝便会发白光，又因为钨丝的熔点高达2700℃以上，所以不会在通电时快速融化，因此，白炽灯的灯丝都选用钨丝。

2. 灯泡里为什么要充入氮气和氩气？

◆钨丝

氮气与氩气都是化学性质较稳定的气体，它们都不易受热膨胀，所以灯泡不易发生爆裂，这样就保护了灯泡和钨丝。白炽灯工作时，灯丝处于高温白炽状态。当灯丝温度过高时，会引起钨丝蒸发过快而降低使用寿命；且蒸发后的钨沉积在泡壳内壁上，会使泡壳发黑，影响亮度。在泡壳中充以适量的氮气后，在一定压强下，钨丝的蒸发要比在真空中大大减少。

那么，为什么又要充入氩气呢？首先，氩气也有与氮气相同的作用，除此之外，氩气的另一重要作用就是在放电时氩气能产生紫色辉光，这可以大大增强灯泡的亮度。

所以，充入二者的混合气体，既可以延长灯泡的使用寿命，又可以使灯泡更亮！

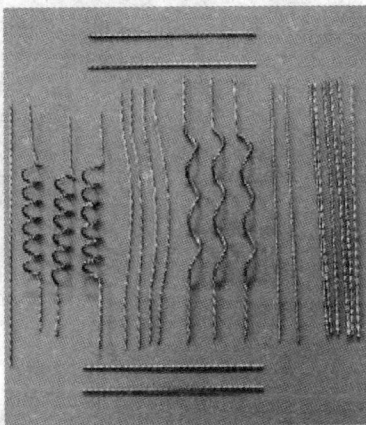

化学趣味探索实验

非常的印染——织品上印字

◆手绘 T 恤

在服装等纺织品上印花有烫印和转移印花等方法。

现在最流行的就是移印和烫印。学会了印染的技巧，我们就可以在一件衣服上印制自己喜欢的图案了。认真学会下面的小实验后，你就可以实现在衣服上印制自己喜欢的图案的愿望啦！

说到"手绘"，在我国一些省份应该算是近些年出现的新兴行业，而在台湾、香港等地，"手绘服饰"早已流行甚广，街头手绘服饰店也相当多。所谓"手绘"，就是手工绘制。现在可以手绘的东西很多，如服装、靠垫、抱枕，甚至可以在杯碗和灯罩等生活用品上进行绘制。

实验用品

瓷盆一个、刷子、硬纸版、烧杯、酒精、染色素（颜色可以任意选择自己喜欢的颜色）、土耳其红油、浆料、氢氧化钠。

实验步骤

1. 首先用硬纸板做一个印字版，写上需要印的字或画上要印制的图

案，用小刀把字体或图案雕成空心字体或空心图案。

2. 称取 15g 浆料（商店有售），加 200ml 水，加热煮沸，边加热边搅拌，待完全溶解后，趁热用纱布过滤，把滤液置于瓷盆中。

3. 称取 3g 氢氧化钠加入烧杯中，加 20ml 水使其溶解，再加入 15ml 土耳其红油，用玻璃棒搅匀。

4. 在另一只烧杯中放入 30g 染色素，加 25ml 酒精，使其溶解。

5. 把前面两种溶液都倒入陶瓷盆中，加 500ml 水，搅拌使混和均匀，即成色浆。

6. 这时可以用制备好的色浆开始印染纺织品了。首先要洗净纺织品。然后把印字版平放在要印字的位置，用刷子蘸色浆，在印字版上向同一方向刷几遍，当看到色浆在织物上已均匀地上色即可。

把印好的织物放置在阴暗避光处，让它氧化 3 小时后，一件印有自己喜欢图案的纺织品就制作好了。

◆将土耳其红油与氢氧化钠搅拌均

◆陶瓷盆制色浆

实验注意事项

配制的浆料不宜久置，长时间放置会失效。

学会这个实验后，在买衣服的时候你就不再会为买不到印有自己喜欢图案的衣服而苦恼了，因为我们可以在衣服上亲自动手绘制上自己喜欢的图案。

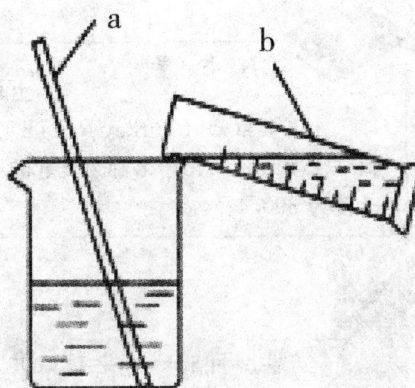

化学趣味探索实验

化
学
趣
味
探
索
实
验

小书屋

土耳其红油

土耳其红油（Turkey Red Oil）又称太古油、茜草油、红油、磺化蓖麻油，主要成份的化学名称为蓖麻酸硫酸酯钠盐，分子式为 $C_{18}H_{12}O_6Na_2$，分子量为 390.4。

知识拓展——染料简介

◆同学们自己绘制的 T 恤

我们把能使其他材料着色的物质称之为染料，染料包括天然染料和合成染料两大类，凡是染料都具有颜色。但有颜色的物质并不一定是染料。一种物质能否成为染料关键是看它能不能使自身的颜色附着在纤维上，且不易脱落、变色。世界上的第一个由人工合成的染料叫马尾紫，它是由 Perkin 在 1856 年的时候发明的，马尾紫的诞生促使了一门新学科——染料化学的出现。20 世纪中期，Pattee 和 Stephen 发现一种含有特殊基团的染料在碱性条件下能与纤维上的羟基发生键合，这就打破了以往仅仅使用物理方法对纤维进行着色的局限。使用着色效果更好的化学方法对纤维进行着色，这大大加速了染料的合成和使用。自此以后，染料便广泛应用于纺织、塑料、油漆、纸张、皮革、光电通讯、食品等日常生活的各个方面。

倾听自己的舞步——舞蹈的节奏

现在，什么事都讲究节奏，如生活节奏、学习节奏、工作节奏等，但是，对节奏要求最高的是舞蹈。如果舞蹈没有节奏肯定不会赏心悦目。我们所知道的舞蹈节奏是用乐器敲打出来的，但是，这里给读者朋友们展示的并不是用乐器敲打出来的节奏，而是跳舞时脚落在地上所发出声响的节奏。下面就带你去看一看怎样才能产生出这种效果？

◆舞蹈卡通图

实验原理

碘在遇到浓氨水后会发生反应，生成六氨合三碘化氮。它不溶于水，干燥后性质极不稳定，轻微的触动即会引起爆炸。反应方程式如下：

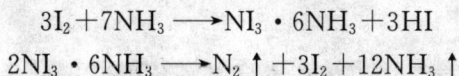

$$3I_2 + 7NH_3 \longrightarrow NI_3 \cdot 6NH_3 + 3HI$$
$$2NI_3 \cdot 6NH_3 \longrightarrow N_2 \uparrow + 3I_2 + 12NH_3 \uparrow$$

实验用品

研钵、分液漏斗、玻璃棒、碘片、30%浓度的氨水。

化学趣味探索实验

实验步骤

◆实验截图

1. 先称取 1g 碘片放在研钵里，再加入 5mL 浓氨水。

2. 研磨 3 分钟，得到黑色六氨合三碘化氮的细小固体。

3. 再加水 50mL，经搅拌后倒入分液漏斗中，振荡分液漏斗，使黑色粉末均匀地分布在水中，然后洒在舞台上，让它干燥。

4. 舞台干燥后我们在上面跳舞，随着舞步的移动即可听到有节奏的爆炸声。

小书屋

碘酒

碘是紫黑色的固体，把碘、碘化钾溶解在酒精中可以制得碘酒。

碘酒具有一种特殊的性质，它可以使病原体的蛋白质发生变性。碘酒可以杀灭细菌，医疗上经常使用碘酒来对伤口进行消毒。碘酒还可以用来治疗许多真菌性、病毒性皮肤病。

知识拓展——实验室中氨水急救措施

实验室溅上氨水的急救措施：

1. 皮肤上溅上氨水时，应迅速用清水或2%的食醋液冲洗。倘若氨水弄到皮肤上出现灼伤，皮肤局部出现红肿、水泡等应立即去医院治疗。

2. 如果不小心将氨水弄进眼睛里，应立即掀开眼睑，用大量的清水冲洗，或用3%硼酸溶液冲洗，并立即就医。

3. 当不慎吸入大量的氨水的气体后，要马上离开现场，转移到空气新鲜的

化学趣味探索实验

地方。如果患者出现呼吸困难的症状，应该立即对其进行输氧或人工呼吸，并立即送医院抢救。若仅仅是鼻黏膜受到伤害，可滴入1‰的麻黄素溶液进行治疗。一般因吸入氨气而导致中毒的患者会表现出咳嗽、流涕、呼吸道发痒、气促、烦躁等症状，并且会感到呼吸道、鼻腔、眼睛有强烈的刺激感。这时，首先应把患者迅速转移到安全的地方，脱去患者身上被氨水污染的衣服，给患者口服少量食醋，如果有条件最好适量服用维生素C，并应就近送往医院进行治疗，以免发生意外。

◆实验室所用的氨水

化学趣味探索实验

化学趣味探索实验

为自己的健康护航
——检验豆腐中的营养成分

◆豆腐

你可能会自己制作豆腐，但是，你制作的豆腐是不是符合健康要求？是不是也像超市出售的豆腐一样美味可口？其中的营养价值是不是达到标准呢？这就需要对你自己制作的豆腐进行一下检验。

实验原理

豆腐中钙离子的检验：碳酸钠溶液与钙离子反应生成不溶于水的白色沉淀物——碳酸钙。

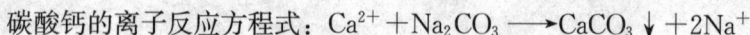

碳酸钙的离子反应方程式：$Ca^{2+} + Na_2CO_3 \longrightarrow CaCO_3 \downarrow + 2Na^+$

豆腐中蛋白质的检验：根据蛋白质的变色反应，把浓硝酸滴加到蛋白质上，用酒精灯加热后就变为黄色沉淀物析出。这是因为蛋白质分子中含有苯环，浓硝酸遇到苯环后就会发生典型的硝化反应，生成黄色的硝基化合物，因此可以用此法来检验豆腐中的蛋白质。

实验用品

漏斗、滤纸、带铁圈的铁架台、烧杯、pH 试纸、碳酸钠、浓硝酸、氨水。

实验步骤

1. 称取 100g 自制的豆腐放入干燥的烧杯中，加入 10mL 去离子水，用玻璃棒搅拌至烧杯中不再有块状的豆腐。随后过滤，得到无色澄清的滤液和白色的滤渣。把滤液用 pH 试纸检测一下酸碱性（测得的 pH 值为 6.4，呈弱酸性）。

2. 营养成分钙质的检验：取上述少许滤液倒入试管中，再加几滴碳酸钠的溶液，试管中如果出现白色沉淀，说明豆腐中含有丰富的钙质。

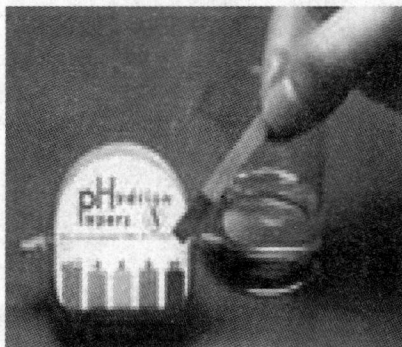

◆实验步骤 1

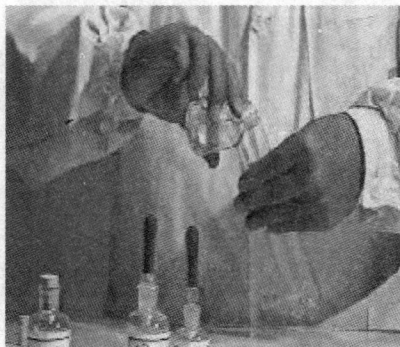

◆实验步骤 2

3. 营养成分蛋白质的检验：把上面实验中的滤液倒掉，取少量豆腐渣，在上面滴几滴浓硝酸，把试管稍微加热一下，可以看到白色的豆腐滤渣变成黄色。试管冷却后，再加入过量的氨水，黄色转变为橙黄色。这说明豆腐中含有丰富的蛋白质。

实验注意事项：

1. 实验第一步操作中一定要把豆腐尽量捣碎，这样才能保证使钙离子充分溶解到水中。

2. 由于蛋白质是一种胶体，一般不易透过滤纸，故过滤时速度要慢，如果过滤时速度过快，滤液的黄色反应就会不明显。

小书屋

检验溶液酸碱性的"尺子"

　　pH试纸是检验溶液酸碱性的"尺子"。使用时，撕下一条，用一根干燥的玻璃棒从玻璃容器中蘸取一滴溶液，滴到试纸上，通过颜色变化就可以辨明溶液的酸碱性，十分方便。pH试纸按测量精度可分为0.2级、0.1级、0.01级或更高的精度。

化
学
趣
味
探
索
实
验

比西瓜还大的肥皂泡
——吹特大肥皂泡

　　我们的祖先曾用皂角（又称皂荚）作为洗涤用品。当把皂角捏碎放在水中时，水就容易产生泡泡。这些容易起泡泡的水能轻松地洗去污渍。这有点像我们今天所说的肥皂水，当然肥皂水有更好的去污效果。那么，水中的泡泡是否与洗涤能力有关呢？这个问题很复杂。它不仅涉及表面张力等物理知识，而且还涉及亲水基团、疏水基团等化学知识。

　　我们这里想要做的实验也跟泡泡有关，即吹特大的肥皂泡。

◆世界上最大的肥皂泡

化学趣味探索实验

实验用品

　　烧杯、电子天平、酒精灯、玻璃棒、硬质铁丝、十二醇硫酸钠固体、聚乙烯醇固体、氯化铵固体。

实验步骤

　　1. 用电子天平称取 3g 聚乙烯醇（分子质量 8000 左右）放入烧杯中，加入适量去离子水，加热并搅拌使其溶解完全后冷却至室温。

　　2. 用电子天平称取 10g 十二醇硫酸钠放入另一干净的烧杯中，加入

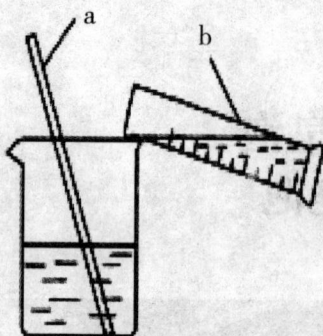

◆实验示意图

化学趣味探索实验

150mL 水，再加入 8g 氯化铵，用酒精灯加热并搅拌。将聚乙烯醇溶液加入到十二醇硫酸钠和氯化铵的混合液中，用玻璃棒搅拌均匀后便成高效发泡剂。

3. 找一段硬质铁丝（不要太粗），弯曲成一个直径 15～20cm 的带柄圆环。

4. 把弯成的圆环浸入到少量步骤 2 制成的高效发泡剂中，稍微搅拌一会，轻轻拉出后就可在空气中吹出一个个比西瓜还要大的"肥皂泡"。

原理介绍

十二醇硫酸钠（俗称 K12）是一种合成洗涤剂材料，常用来做发泡剂。聚乙烯醇是一种高分子聚合物，也是一种发泡剂。两者配成水溶液后的表面张力都比较小，两种发泡剂混合后的发泡能力虽然有较大的增强，但是仍然不够理想。利用氯化铵所具有的增稠作用，将发泡剂调节至理想的黏稠程度，从而制得高效发泡剂。

小资料——肥皂的发明

最早的肥皂是如何诞生的呢？很久以前，有一天，古埃及的国王过生日，那天国王从全国招来大量的厨师，大摆宴席招待对国家作出贡献的人。宴席结束后，厨师在收拾餐具的时候，有一个从乡下来的厨师由于紧张，不小心把一瓶炒菜用的油洒到了熄灭了的木炭上。由于担心起火，他赶紧用手把洒上油的木炭扔掉。当他洗手的时候，发现沾有木炭的双手洗得特别干净。周围的同伴看到此事都觉得很好奇和不解，都争着亲自体验了一次，效果很神奇。

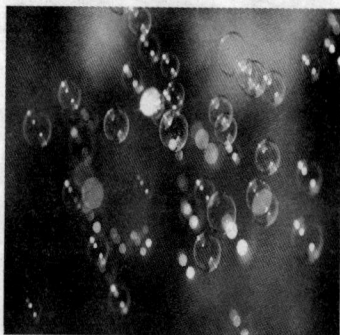

◆肥皂泡

从此，他们就把每次做饭烧的木炭留出一部分，浇上点油，等干完活用它洗手。

后来，随着时间的推移，肥皂的制作方法也有了很大程度的发展。人们先把山毛榉树烧成木灰，然后再与山羊的脂肪混在一起，熬制成一种膏状物，这种膏状物的去污效果更好。

肥皂不仅可以用来洗手，也可以洗衣物、餐具、头发。随着肥皂的广泛应用，肥皂的生产快速发展，法国的马赛、意大利的萨沃纳等地都建起许多大大小小的肥皂作坊，因为这些地方出产的橄榄油多。它们生产的肥皂除满足自己国家的消费外，还向别的国家销售。

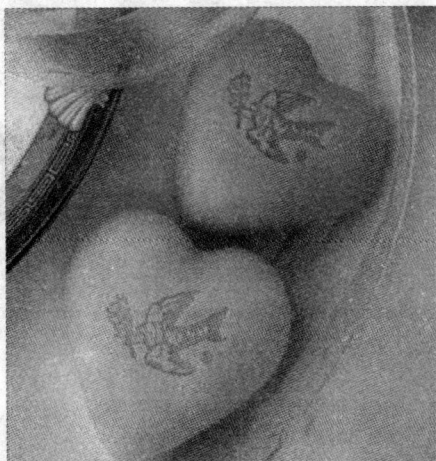

◆肥皂

化学趣味探索实验

化学趣味探索实验

给大自然当学生
——模拟酸雨腐蚀岩石的实验

◆酸雨的危害

酸雨是指 pH 小于 5.6 的降雨，5.6 这个数值来源于蒸馏水与空气中的二氧化碳达到溶解平衡时的酸度。酸雨主要是人们日常生活中排放的硫氧化物、氮氧化物等物质大量扩散至大气层后与水蒸气结合形成的。酸雨的危害是多方面的，如左图，它可以可使土壤、岩石中的重金属溶解，流入河川或湖泊，造成鱼类大量死亡。用酸雨污染过的水灌溉农作物会造成农作物大面积死亡，给农业生产带来毁灭性的影响。酸雨还会腐蚀建筑物、公共设施、古迹和金属物质，造成人类经济、财产及文化遗产的损失。有时酸雨所造成的危害是无法一下子就看出来的，经过一段时间之后才能显现出来。目前，酸雨已成为国内外一些实验室的研究热点。

实验用品

玻璃棒、烧杯、镊子、量筒、胶头滴管、蒸馏水、浓度为 98% 的浓硫酸、大理石（主要成分碳酸钙）。

实验步骤

1. 配置 150mL 浓度约为 0.01mol/L 的稀硫酸溶液（注意配制过程中的安全）。

2. 用量筒取 50mL 配制好的稀硫酸倒入烧杯中，将大小适中的块状大理石用镊子夹住，小心投入稀硫酸中，观察大理石表面的现象。

3. 再取 50mL 稀硫酸溶液，用胶头滴管一滴一滴地将稀硫酸溶液滴到大理石表面，观察实验现象。

实验现象

不断搅拌

浓硫酸

水

◆实验示意图

通过上述步骤 2 和 3 你会观察到，在步骤 2 中，碳酸钙很快就反应完了，因为硫酸过量；在步骤 3 中，你会看到稀硫酸慢慢腐蚀碳酸钙。步骤 3 正好模拟了酸雨腐蚀万物的过程。

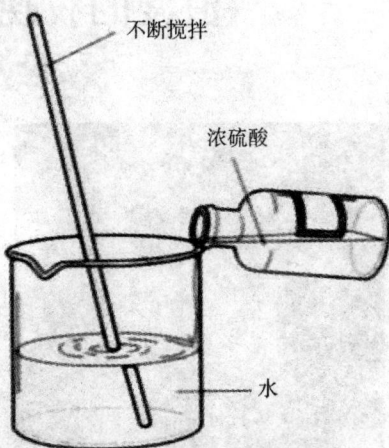

知识库——大理石

大理石又称云石，是重结晶的石灰岩。大理石的主要成分是碳酸钙，碳酸钙约占大理石的 50％ 以上。石灰岩在高温高压下会变软，并在所含矿物质发生变化时重新结晶形成大理石。石灰岩的主要成分是钙和白云石，它有很多种颜色，通常有明显的花纹。

◆大理石

化学趣味探索实验

浪漫的夜晚——美丽的夜空

◆美丽星空图

月光如水的夜晚，每当你望着天上的繁星，会不会想到那些一闪一闪的星星正在跳着它特有的眨眼睛的舞蹈……

如果我告诉你如此美丽的景象能用一支普通的试管制作出来，你会不会觉得好奇，想不想欣赏一下试管中美丽的夜景呢？那就跟随我们一起用你那灵巧的双手，开动你那渴求化学知识的大脑，亲身体验这神奇的小实验吧！

化学趣味探索实验

 **小书屋**

高锰酸钾

　　高锰酸钾（potassium permanganate）也称"灰锰氧"、"PP粉"，常温下为紫黑色晶体颗粒，见光易分解，需避光保存。它是一种常见的强氧化剂，严禁与易燃物及金属粉末同放。高锰酸钾以二氧化锰为原料制取，有广泛的应用，在工业上用做消毒剂、漂白剂等；在实验室，高锰酸钾因其强氧化性和溶液颜色鲜艳而被用于对一些物质的鉴定。

　　我们首先要弄清楚这个实验究竟是怎么一回事。原来，某些化学药品

在遇到另外一些化学药品的时候，可以发生像天上的星星眨眼睛一样的化学反应。高锰酸钾就是这样一种化学药品。高锰酸钾在遇到浓硫酸时会发生剧烈的化学反应，反应时放出氧气，并产生大量的热。反应放出的热量使高锰酸钾颗粒周围的酒精很快达到燃点，产生一闪一闪的火花。同时，由于反应生成的氧气会产生气流的作用，使得这些闪烁的火花来回移动，看上去就像是夜晚的星星在眨眼睛一样。

实验用品

无水乙醇、浓硫酸、高锰酸钾、胶头滴管、试管、量筒。

实验步骤

1. 用量筒量取 5mL 的无水乙醇（如下图左）加入到一支小试管中。

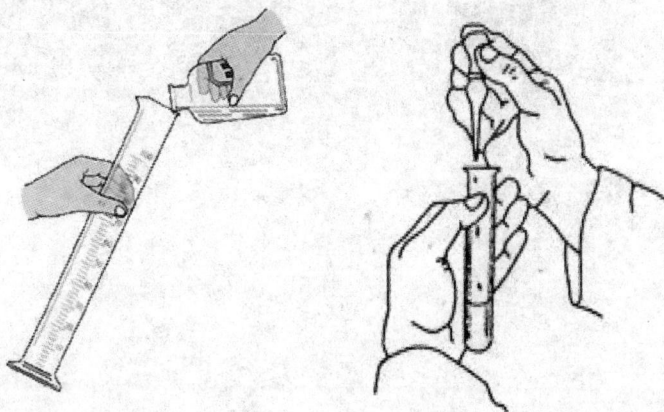

◆实验示意图

2. 用洗净后的量筒量取 5mL 浓硫酸，再用胶头滴管慢慢滴入装有无水乙醇的小试管中（如上图右）。

3. 摇动几下小试管将浓硫酸和无水乙醇混合均匀后，把它放在一张蓝色纸的前面，关上光源。

4. 将少量的高锰酸钾颗粒缓缓加入到试管中，观察实验现象。

化学趣味探索实验

实验现象

加入高锰酸钾后，一会儿便可以观察到试管中产生一闪一闪的星光般的闪烁。

实验注意事项

在向试管中添加高锰酸钾时，一定要缓慢地加入，并且要严格控制加入高锰酸钾的数量，以免由于反应剧烈造成不必要的伤害。

化学趣味探索实验

漂亮的饰物——琥珀标本的制作

远古时期，一只美丽的小瓢虫自由自在地在松树林里飞来飞去。突然，一滴松脂滴下来，牢牢地粘住了它，它再也飞不起来了。滴在它身上的松脂越来越多，越积越厚，最后把它完全包了起来。再后来，由于自然界地壳运动，小瓢虫和松脂一起被深埋地下。经过许多年以后，松脂在地下发生了一系列的变化，最后变成透明的琥珀，小瓢虫在里面清晰可见，犹如当年一样美丽。

如果你想要拥有一块这样的琥珀，那么就跟随我们一起进行下面的小实验，自己动手制作一块人造琥珀标本，花费不多，操作也不难。现在就开始吧。

◆琥珀饰物

◆琥珀项链坠

化学趣味探索实验

实验用品

酒精灯、三角架、烧杯、食用油、石棉网、玻璃棒、松香、酒精、卡纸、小昆虫。

实验步骤

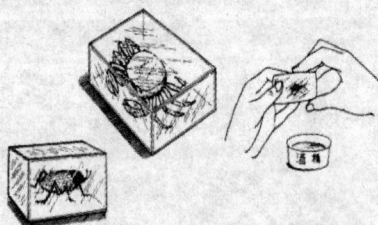

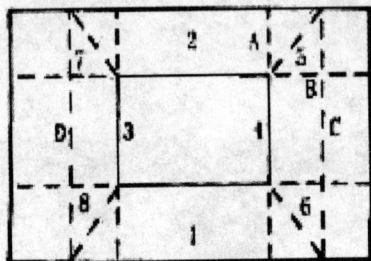

1. 用卡纸折一个体积为 5cm×3cm×3cm 的纸盒。

2. 用刷子在折好的纸盒内壁上涂一层食用油，把先前准备好的小昆虫安置在纸盒的正中央。

3. 拿一个干净的烧杯，加入少量的松香和适量的酒精（10 份松香加 1 份酒精）。然后，把烧杯放在酒精灯上加热，同时用玻璃棒搅拌使松香全部熔化。

4. 在松香熔化后，将其小心地倒入装有小昆虫的纸盒内，使熔化的松香刚好能淹没小昆虫为宜。

5. 待松香凝固后，轻轻地移去纸盒，用小刀把标本周围多余的松香除去。这样，一个简易的小昆虫的琥珀标本就初步成形了。

6. 最后用一块柔软的手帕蘸少量酒精，把琥珀四周擦拭透明。这样，一个既美观又时尚的琥珀便制作成功了。

实验注意事项

1. 用酒精灯加热松香时，烧杯下面

化学趣味探索实验

要垫石棉网，不能直接对烧杯进行加热，以免温度过高导致松香颜色变深，这样制作出来的琥珀标本就不够美观。

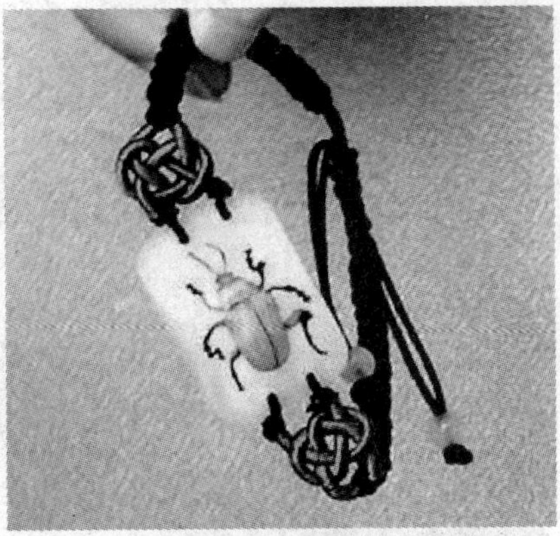

2. 停止加热，把酒精灯移去后，用玻璃棒轻轻搅动松香，把里面的空气赶出去。往纸盒中倒的时候要紧贴着纸盒壁，这样就可以避免标本中有气泡出现。

3. 用酒精洗涤刚刚从纸盒中拿出来的标本时，不要把标本浸在酒精里

◆琥珀标本

面，而应用一只手捏住标本，用另一只手拿一块柔软的手帕蘸取酒精，来回擦拭标本的表面，直到透明为止。注意用酒精擦拭的时间不宜过长，应控制在三四分钟内完成。

松香制的琥珀"标本"，呈淡黄色。

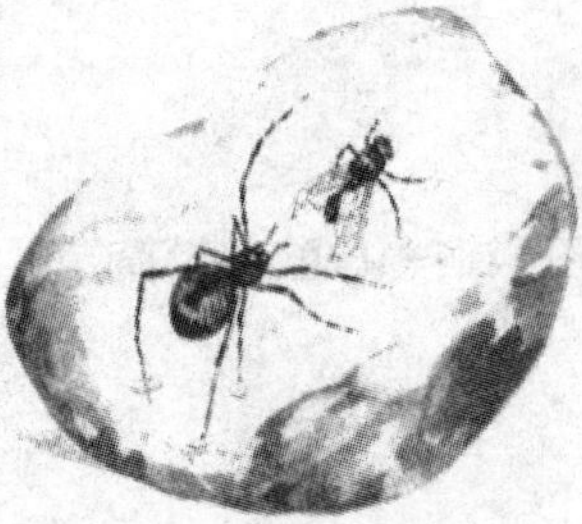

◆琥珀标本

化学趣味探索实验

会做游戏的离子——铜离子游戏

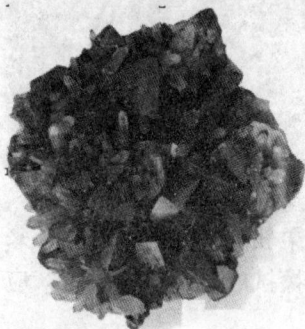

◆斑铜矿

我们知道，化学世界的颜色变化千千万万，如很多矿石中由于含有铜离子而使得矿石有着漂亮的颜色，给化学世界增添了许多神奇色彩。我们还知道，水合铜离子呈蓝色，四氯合铜络离子 $[CuCl_4]^{2-}$ 呈黄色。那么，为什么常见的一般浓度的氯化铜溶液却呈绿色呢？下面我们就用做游戏的方法跟大家一起去探究其中的奥秘。

实验用品

硫酸铜、盐酸、量筒。

实验步骤

1. 用量筒取硫酸铜溶液 10mL，倒入 100mL 的烧杯内，记录此时硫酸铜溶液的颜色。

2. 用量筒取浓盐酸 10mL 沿着烧杯壁缓慢地把浓盐酸倒入烧杯中，搅拌均匀后，这时再记录烧杯中溶液的颜色。接着再加入 50mL 的浓盐酸，观察此时溶液颜色又有何变化。

◆硫酸铜溶液

化学趣味探索实验

实验现象

硫酸铜溶液中铜离子被水分子完全包围，呈现出铜离子特有的蓝色，当加入浓盐酸后，由于溶液中的氯离子迅速增多，使得铜离子被氯离子包围而显现出黄色，但由于最初铜离子显现蓝色，所以有时可能会看成黄绿色。当把整个溶液搅拌均匀后，整个溶液会呈现出黄绿色。如果这时候加入大量的水，水分子又会重新包围铜离子，使得溶液的颜色又回到最初的蓝色。

原 理 介 绍

铜离子游戏

　　二价铜离子可以和氯离子、氨根离子、水等形成络合离子。我们知道，一些络合物都具有自己特定的颜色，比如四氯合铜络离子 $[CuCl_4]^{2-}$ 呈黄色。因此，我们可以根据铜离子与其他化合物形成不同的络合物时的颜色不同的原理来进行实验，进而帮助我们认识铜离子在不同条件（酸和碱）下颜色的变化。

小贴士——铜对人体的危害

　　铜作为一种重金属可以引起人体内蛋白质的变性，还可以损伤红细胞引起溶血和贫血。铜离子进入人体后通常情况下主要在肝脏中累积，这样一来，当肝脏中积累的铜离子超过了肝脏的处理能力时，铜离子就会被释放到血液中，使血液中酶发生氧化而失去活性，损伤红细胞，增大某些细胞膜的通透性，破坏这些细胞的稳定性，使得细胞质和细胞器易于受损；再者，铜离子会与血液中的血红蛋白结合，使细胞内一些酶失去活性，造成还原型谷胱甘肽的减少，进而加剧血液中血红蛋白的自动氧化，使得变性的血红蛋白大量进入血液，最终可能会引发溶血和贫血。

当一次特殊的舞蹈教练
——木炭跳舞

◆跳舞

舞蹈的起源："我国很早以前就有跳舞的记载，尧舜时代，舞已开始，到商而盛"。商朝"恒舞于宫，酣歌于室"，可见，舞蹈在当时是多么流行。到周朝时，舞蹈发展成为一种时尚。武王伐纣，师旅在途，前歌后舞。诗经中记载："坎其击鼓，宛丘之下，无冬无夏，值其鹭羽。"无冬无夏，持鹭羽以舞，可以想象当时人们对舞蹈的兴趣是多么浓厚。跳舞在当时的学校是一门必修课程，自天子至庶人，皆须学习。礼记内则篇云："十三学舞勺，成童舞象。"春秋时代，晏子且借舞以讽谏。唐代，舞自比前代流行……舞蹈应该是人跳的，怎么能让木炭跳舞呢？下面就给大家展示一下如何让木炭跳舞。

实验原理

把硝酸钾和木炭放到一起，然后加热。硝酸钾固体受热后会释放出氧气，当温度达到木炭的着火点时，木炭遇到硝酸钾释放出的氧气时就会燃烧发光，同时生成二氧化碳气体，二氧化碳气体会将小木炭顶起。木炭向上跃起后，离开氧气，反应停止。在重力的作用下，木炭又重新落入到硝酸钾中，反应接着进行，如此反复，就会看到木炭上上下下往复运动，就像跳舞一样。

实验用品

硬质试管、小木炭、硝酸钾固体。

实验步骤

1. 从实验室中取一支试管，里面装入3～4g硝酸钾固体，把试管小心地固定在铁架上，并用酒精灯对试管的底部进行加热。

2. 观察到试管中的硝酸钾逐渐熔化以后，用镊子取黄豆粒般大小的一块木炭，放入试管中，继续加热，并观察实验现象。

实验现象

◆实验示意图

小木炭块在试管中突然跳跃起来，一会儿上下跳动，一会儿扭动翻转，就好像在表演跳舞一样。小木炭在跳舞的时候还发出亮丽的红光，有趣极了。

链接——帮你进一步了解木炭

木炭是指木材或木质原料经过不完全燃烧后得到的深褐色或黑色的多孔型固体燃料。这样制备的木炭成为不纯的无定形碳。实验室里最常用的木炭是活性炭。活性炭可以说是木炭的深加工。它是利用化学物品如氯化锌、磷酸、硫化钾和白云石等对木炭进行一系列的物理化学过程加工而成的，其生产过程对水的污染比较严重，世界上大多数国家一般都对其生产进行限制。活性炭具有良好的性能，首先它具有良好的吸附性能，它不

◆木炭

化学趣味探索实验

溶于水和其他溶剂。除了高温下同臭氧、氯、重铬酸盐等强氧化剂反应外，在一般条件下都极为稳定。由于活性炭具有优异的特性，所以，它的用途非常广泛。

具有魔力的瓶子——神奇的瓶子

在我们的生活中，各种各样的瓶子随处可见。有些瓶子虽然漂亮，却极为普通。现在给大家介绍一种具有魔力的神奇瓶子。读者朋友们一定要注意，看它究竟神奇在哪里？

实验用品

500mL 玻璃瓶、2g 硫化钠、200mL 蒸馏水、1‰ 的酸性靛蓝溶液。

◆漂亮的瓶子

实验步骤

1. 取一个容积为 500mL 带有密封盖的无色透明玻璃瓶，加入 2g 硫化钠和 300mL 蒸馏水，配置成溶液。

2. 向瓶中滴加 1‰ 的酸性靛蓝溶液到整个溶液呈绿色，盖紧密封盖，把瓶子放置在一边，观察里面颜色的变化。

实验现象

不一会儿，你就会惊奇地发现瓶子里面的颜色像变魔术一样由绿色渐渐变成褐→红→橙→黄色。这时，如果你再稍微用力晃动一下瓶子，又会发现瓶子中的颜色由黄色渐渐变成橙→红→褐→绿色。再静置，又重复前面的颜色变化，如此反复多次，甚是令人惊奇！

化学趣味探索实验

实验注意事项

实验在25℃的室温下进行效果最好，如果冬天做，要用温水浴保持溶液温度稳定在25℃。

原理介绍
神奇的瓶子

酸性靛蓝在溶液中能被硫化钠还原为还原态，呈黄色。在振荡时还原态的黄色靛蓝又被空气中的氧气氧化成绿色氧化态的靛蓝。两种颜色之间存在一系列过渡色。

知识拓展——温度对实验的影响

不论做什么实验，每一个对照实验最基本的要求是只有一个变量，其他条件变量应都相同。结合我们实际生产或实验室中所进行的化学反应来看，许多化学反应在进行时都伴随着温度的变化，因此，我们在设计对比试验、研究各种反应参数对实验产生的影响的时候，一般将温度设定为变量。

设置好对比条件，做温度对反应影响的实验时，对比的条件应该只有温度这一个单一变量，其他条件都应相同，而且最好是设置两个或两个以上的温度相互对比。

化学趣味探索实验

莫要酒后驾车——检测酒后驾车

酒后驾车是指驾驶人员血液中的酒精含量达到或超过某一范围，在中国，酒后驾车一般指血液中酒精含量超过或等于 20mg/100mL、小于 80mg/100mL，如大于 80mg/100mL 就为醉酒驾车。

在美国等一些西方国家，都制定了法律严禁酒后驾车。例如美国某些州的法律规定：对于酗酒开车者除了予以罚款外，还要处以监禁。

中国自从 2009 年连续发生了多起醉酒驾车导致多人死亡事件后也

◆酒精检测仪

加大了对酒后驾车的查处力度。交管部门在对酒后驾车进行检查时，运用的工具是酒精检测仪。现在，我们就教大家一种简单方便的检测驾驶员是否为酒后驾车的小实验。

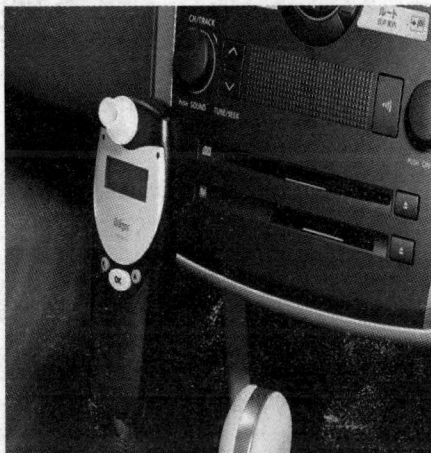

实验原理

酒精能被具有强氧化性的重铬酸钾氧化，所以，重铬酸钾一般用硫酸酸化以后再与酒精反应，生成的硫酸铬呈绿色。其反应方程式如下：

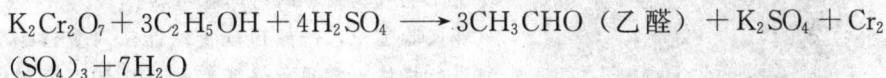

$$K_2Cr_2O_7 + 3C_2H_5OH + 4H_2SO_4 \longrightarrow 3CH_3CHO（乙醛）+ K_2SO_4 + Cr_2(SO_4)_3 + 7H_2O$$

我们的简易装置就是依据这个原理制作的。

化学趣味探索实验

实验用品

直径为 15mm 的试管一支、橡皮塞 1 个、胶头滴管、稀硫酸、重铬酸钾溶液。

实验步骤

1. 取 5mL 重铬酸钾溶液加入一支试管中，然后小心地向试管中滴加稀硫酸，使试管中溶液的颜色变为橙黄色。

2. 用橡胶塞盖住试管口，留下准备检测时使用。

3. 检测时，取下橡胶塞，让被检测者朝试管口吹气，如果溶液颜色变为绿色，说明被检测者喝酒了，如果不变色，说明被检测者并未喝酒。

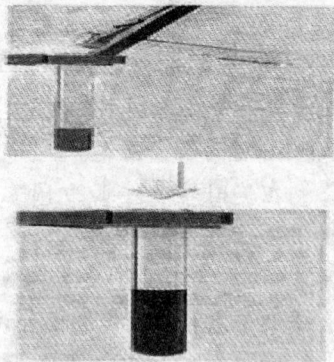

◆酒精与重铬酸钾的颜色反应

知识拓展——了解重铬酸钾

低温下，重铬酸钾几乎不溶于水，其本身不含结晶水，也不易潮解。由于重铬酸钾在遇到一些化学物质时会发生颜色变化，所以常用它作物质分析时的基准物。

实验室中，一般通过重结晶法对重铬酸钾进行提纯。常用重铬酸钾和浓硫酸混合配制成铬酸洗液来洗涤化学玻璃器皿，以除去器壁上的还原性污物。

◆重铬酸钾

化 学 趣 味 探 索 实 验

让黑盐商无处藏身
——检验含碘食盐中的碘

英国一位生物学家研究发现，把蝌蚪的甲状腺切除后，它就无法变成青蛙了。但是，在蝌蚪生活的环境中加入甲状腺激素后，切除甲状腺的蝌蚪又可以变成青蛙了。这个实验生动地说明了甲状腺对动物的生长发育起着决定性作用。在甲状腺激素合成的过程中有一种元素是必不可少的，那就是碘。如果缺少碘，甲状腺激素就不能合成。虽然碘在人体内的含量很少，但它却是维持生命活动必不可少

◆加碘食盐

的元素。既然碘对人体如此重要，那么，你知道如何检验我们每天都在吃的食盐中是否含有碘吗？

实验用品

试管、胶头滴管、含碘食盐溶液、不加碘食盐溶液、碘化钾溶液、稀硫酸、淀粉试液。

实验步骤

1. 在2支试管中分别加入少量含碘的食盐溶液和不含碘的食盐溶液，然后各滴入几滴稀硫酸，再滴入几滴淀粉试液，分别观察现象。

2. 在另一试管中加入适量碘化钾溶液和几滴稀硫酸，然后再滴入几滴

右侧竖排：化学趣味探索实验

淀粉试液，观察现象。

3. 将步骤 2 试管中的液体分别倒入前两支试管里，混合均匀，观察现象。

实验现象

通过实验，我们观察到：含碘的食盐溶液在加入淀粉试液后颜色变蓝；不含碘的食盐溶液在加入淀粉试液后颜色没有改变。

原 理 介 绍

检验含碘食盐中的碘

含碘食盐中除含有碘酸钾（KIO_3）之外，一般不含有其他氧化性物质。在酸性条件下 IO_3^- 能将 I^- 氧化成 I_2，I_2 遇淀粉试液变蓝；而不加碘的食盐则不能发生类似的反应。

链接——食用加碘盐的好处

1. 碘是人体进行生命活动必不可少的元素，食用碘盐可以保证机体每日对碘的生理需要。如果每人每日吃进 5～10g 的盐，每天可获得 150～300mg 的碘，这种剂量可以满足我们每天进行各种正常活动对碘的需求。

2. 食用碘盐经济、易推广。它符合下列条件：（1）食盐的生产企业相对集中，比较容易实现对食盐加碘的监督。（2）食盐加碘的过程相对简单，无需复杂的设备，不产生副反应。（3）食盐中加入碘以后不会改变食盐的颜色和味道，碘盐与非碘盐没有任何外观上的区别。

化学趣味探索实验

水？火？——用水烧纸

在某学校举行的一次"趣味与探索"实验课上，一位同学表演的化学实验引起了轰动。实验开始之前，他手中拿着一张白纸，对着观众晃了几下，向大家展示这只是一张普通白纸，然后他将这张白纸一层一层地折叠起来，对着在场的同学们说："这张白纸能被水点燃……"还没等他说完，台下在场的同学们纷纷说道："不可能，水怎么能点火呢？""我说也不可能，我只听说过可以用水来灭火的。""就是嘛，水火是不相容的，历来是相克的！"同学们七嘴八舌地议论着。

◆实验示意图

在场的一位同学说道："我知道了你用的水肯定有问题！"

他边说边拿出自己的水杯，交给表演者，要求他用这杯水进行现场表演，边说边给他倒了一杯。

这时，现场的同学们都随声附和，"对，肯定是水的原因，就得用我们检验过的水"。

◆实验示意图

表演者将手中的那张白纸往这杯水中轻轻一点，这张白纸竟然熊熊地燃烧起来了。"简直是太神奇了！水真的能够点燃纸！"同学们都感到十分惊奇！

亲爱的读者，当你知道用水能点燃纸后也会感到疑惑不解，认为这很

化学趣味探索实验

神奇吧！

下面我们就一起来探索一下刚才这个同学表演的水烧纸里面的秘密吧！

原理介绍

实际上这个同学表演的小实验并不神奇，这只不过是一种实验室中常见的化学反应现象而已。其中的奥秘与水无关，而是他表演时所用的纸中包了一种遇到水就燃烧的物质——钠。

钠的颜色跟白纸一样也是白色的。当他说用水可以点燃纸的时候，大家把注意力全都放在了水上，却忽略了他手中的白纸，如果有人拿一张白纸上去的话，那么这个实验就无法进行了。

钠的化学性质非常活泼，能够与水发生剧烈的化学反应，反应过程中放出氢气和大量的热，当反应放出的热量达到氢气的燃点使氢气燃烧后，纸也跟着被点燃。具有这种性质的金属还有钾，如果把钠换成钾做上述实验也会产生同样的效果。

化学趣味探索实验

知识拓展——金属钠的简介

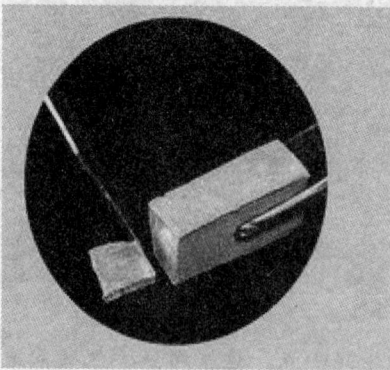

◆金属钠

钠是一种金属元素，质地软，易切割，能与水发生强烈反应放出氢气。钠在地壳中的含量十分丰富，在地壳所含元素中居第六位，主要以钠盐的形式存在，如氯化钠、硝酸钠、碳酸钠等。钠在人体中占有非常重要的地位，它是人体肌肉和神经组织中的主要成分之一。

"钠"在古汉语中的意思是煅铁。

钠的物理性质：

纯净的钠为白色，一般我们见到的钠的颜色有点暗，这是因为当钠暴露在空气中时被氧气氧化失去了金属光泽。钠的密度比水小，为 $0.97g/cm^3$，可以浮在水面上。钠的熔点是 97.81℃，沸点是 882.9℃。钠单质还具有良好的延展性、导热性和导电性。

钠的化学性质：

钠属于碱金属单质，很容易失去原子最外层的 1 个电子，因此，钠的化学性质非常活泼，在与其他物质发生氧化还原反应时，表现出极强的还原性。

新型的温度指示剂——示温涂料

化
学
趣
味
探
索
实
验

生物学家研究发现，有些植物的叶子或动物的表皮会随着温度的变化而呈现出不同的颜色。如今，用化学方法合成出许多随温度变化而改变颜色的物质，人们把这类物质称做"示温涂料"。

◆变温鱼

◆变温植物

用它做外墙涂料时，夏日高温，它能变成白色反射阳光；冬天寒冷，它就变成深色吸收热量。把它涂在奶瓶外壁上，一看瓶子的颜色就知道牛奶是否适宜饮用。医学家根据示温涂料的原理制成了测温卡片，通过测温卡片颜色的变化就能知道人的体温是否正常。像这样的例子还有很多，下面我们就来看看这种涂料的特异功能吧！

实验用品

硝酸铜溶液、碘化钾溶液、硝酸银溶液、硝酸汞溶液、蒸馏水、毛笔、白纸、烧杯等。

实验步骤

取 20mL 浓度为 5％的硝酸汞溶液倒入烧杯中，再用滴管向烧杯中滴加浓度为 10％的碘化钾溶液，发现开始有橙色的碘化汞沉淀生成，再继续向烧杯中滴加碘化钾溶液至沉淀消失。此时，溶液中含有大量四碘合汞酸根离子。将该液分成两等份，一份滴加浓度为 2％的硝酸银溶液，滴加到不再产生黄色沉淀为止。另一份滴加浓度为 5％的硝酸铜溶液，滴加到不再产生红色沉淀为止。有关的化学反应过程如下：

制备：

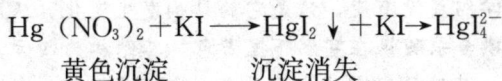

$$Hg(NO_3)_2 + KI \longrightarrow HgI_2 \downarrow + KI \to HgI_4^{2-}$$

黄色沉淀　　　　沉淀消失

$$HgI_4^{2-} + 2AgNO_3 \longrightarrow Ag_2HgI_4 + 2NO_3^- \downarrow$$

（Ag_2HgI_4 为黄色、四方晶系，升温到 39℃后变橙色）

$$HgI_4^{2-} + Cu(NO_3)_2 \longrightarrow CuHgI_4 \downarrow + 2NO_3^-$$

（$CuHgI_4$ 为红色、四方晶系，升温到 71℃后变黑色、立方晶系）

将上面两烧杯中沉淀溶液静置一段时间后，将上层的澄清液倒掉。再用去离子水反复洗涤 2～3 遍。最后用透明水溶性胶水把两种混合物粘接到一起。混匀后一种简单的示温涂料就做成了。

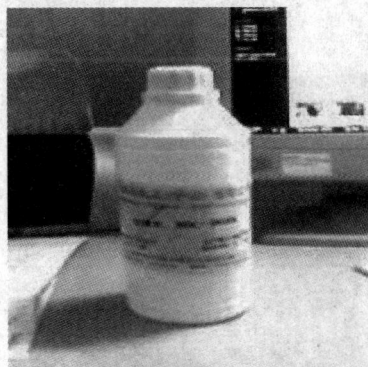

◆硝酸汞溶液

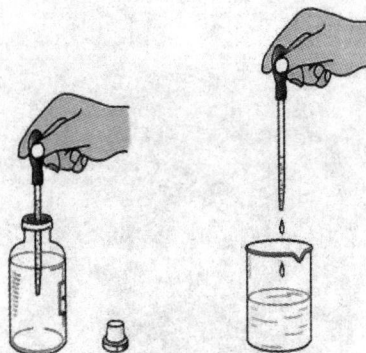

◆实验示意图

用毛笔蘸着上面制好的示温涂料在白纸上绘制一幅画或写几个字，晾

干后将描有图画（或文字）的纸条放在酒精灯火焰旁边，片刻后将会看到黄色的画或字变为橙色，冷却后画或字的颜色又变为黄色。而原来为红色的画或字则变为灵黑色，冷却后画和字的颜色又变为红色。如果反复加热和冷却，可以发现字或画颜色可发生反复变化。

说明：上述各溶液浓度不宜过浓，一般在2％～15％之间为宜，另外，必须用去离子水来配置溶液。

原理解秘

颜色随温度而变色的原理有多种，本实验介绍的涂料是一类络合物，其变色可逆，变色时它的化学组成没有变，只是它的结构发生变化，从而导致颜色发生变化。例如四碘合汞酸银在室温下呈黄色，其结构为四方晶系；当温度升至39℃以上时，其结构变成了立方晶系，它变为橙色；当回到室温，结构又回到了四方晶系，颜色又恢复成黄色。

知识拓展——涂料的种类

涂料有很多种分类方法，最常用的有以下几种：

（1）按涂料存在的形态分，可分为溶剂性涂料、粉末涂料、高固体分涂料等；

◆儿童漆

◆硝基漆（nc）

化 学 趣 味 探 索 实 验

（2）按涂料的粉刷工艺，可分为刷涂涂料、喷涂涂料、电泳涂料等；

（3）按涂料在物品表面所处的涂层，可分为底漆、中涂、漆（二道底漆）、面漆、罩光漆等；

（4）按涂料的功能，可分为装饰涂料、防腐涂料、导电涂料、防锈涂料、耐高温涂料、示温涂料、隔热涂料、防火涂料、防水涂料等。

（5）按涂料的用途，可分为建筑涂料、汽车涂料、飞机涂料、家电涂料等。

化学趣味探索实验

当一次发明家——自制火柴

◆火柴

化
学
趣
味
探
索
实
验

现在，人们已经很少使用火柴了，越来越多的人开始使用打火机。由于打火机比火柴具有更好的防水性和防风性，再加上打火机的种类越来越多，价格越来越便宜，更加扩大了打火机的使用范围。

如今，人们抽烟大多用打火机点烟。虽然打火机比火柴更为耐用，价格也不贵，但是，在某些特殊的场合人们还是不得不使用火柴。

然而，由于制造火柴的利润很低，现在制造火柴的厂家已经越来越少。你稍微留心观察一下，就会发现超市中卖火柴的专柜越来越少。这样一来，在某些特殊的情况下就需要自己掌握制造火柴的技术了。

也许会有人说，制造火柴那得需要很专业的技术，其实不然，下面就向大家介绍一个小实验来制备火柴。

实验用品

跟火柴梗同样大小的小木棒、蒸发皿、夹子、细刷子、研钵、酒精灯、氯酸钾、硫、氧化锌、氧化铁、粘接剂、玻璃粉、红磷、三硫化二锑、碳酸钙、重铬酸钾

实验步骤

1. 先将适量的氯酸钾、氧化锌、重铬酸钾、氧化铁粉、玻璃粉分别在研钵中进行研磨，研细以后使用粘接剂把药品混和调成浆糊状。

2. 用蒸发皿熔化少量的石蜡，把长约 2cm 左右的小木棒的一端浸在熔化的石蜡中蘸一下。接着把附有石蜡层的小木棒蘸取步骤 1 中的糊状药品，随后放在一边晾干。

◆重铬酸钾

3. 制作简易的火柴盒：把红磷、氧化铁粉、碳酸钙、三硫化二锑、氧化锌、玻璃粉等用研钵研细后加入粘合剂，用细刷子均匀地涂在火柴盒两侧，晾干就可以使用了。

实验注意事项

1. 研磨时一定要分别将实验用料研磨成细粉，绝不能混在一起研磨，以免发生爆炸。

2. 用小木棒在蒸发皿中蘸蜡的时候只要蘸薄薄的一层即可，但一定要保证蜡在火柴梗上是均匀的。

3. 制作完成后，一定要等火柴盒上的药品干燥后再进行摩擦试验。

小 博 士

火柴头跟火柴盒摩擦产生热量，火柴头上的红磷受热后在空气中着火，点燃含有氧化剂的火柴头，进而使火柴梗燃烧起来。

化学趣味探索实验

广角镜——打火机的由来

◆打火机

如今，很多人都认为世界上第一个打火机诞生于美国，实际上打火机起源于英国。1917年间，当时英国一些商店的门口都张贴着一张相同的招贴画，画中只见一位英国人一手拿着香烟，另一只手里却捏着一个会冒火的小玩意儿。不明所以的人们还以为是英国又推出了什么新式武器，其实，左图中的小玩意就是我们今天使用的打火机的雏形。

根据资料记载，打火机是由一位伦敦青年阿尔弗雷德·丹希尔发明的。伦敦是有名的雾都，当时很多人都很喜欢抽烟，却常常因为火柴受潮而无法解决他们的烟瘾。阿尔弗雷德·丹希尔也是其中的一员，为了解决这一问题，他便决心研制一种不容易受潮的点火工具。后来，他在伦敦另一位科学家的大力支持下，研制出一种由金属构造的点火工具，并称之为打火机。后来人们在此基础上不断改进，终于在1924年实现批量生产。

现在，中国生产的打火机差不多占全世界总产量的一半，已经成为世界上最大的打火机生产国。

现在，打火机的用途已经不仅仅局限于点火，ZIPPO打火机在年轻人中的流行证明打火机不仅仅是打火之用，已经成为一种时尚。

看你的眼睛够不够快
——奇异的脱脂棉

大千世界无奇不有。你可能听说过奇异的花、草、树，你也可能听说过奇异的宇宙、神奇的海底世界、澳洲的美人鱼，还有像左图中奇异的麦田圈。这种麦田圈是在麦田或其他农田上通过某种外力把农作物压平而产生的几何图案。此现象在 20 世纪 70 年代后期才逐渐引起公众的注意，目前，有众多麦田圈事件被揭发是有人故意制造出来以取乐或者招揽游客的。唯有麦田圈中的作物"平顺倒塌"方式以及植物茎节点的烧焦痕迹是非人力所及的。麻省理工学院学生试图用自制设备反向复制这一现象，但未获成功。人们至今仍然不能解释该现象用何种设备或做法能够实现。这也是外星支持论者的重要物证基础。

奇异的脱脂棉你听过吗？你想了解脱脂棉有什么奇异的吗？下面让我们一起做这个实验吧。

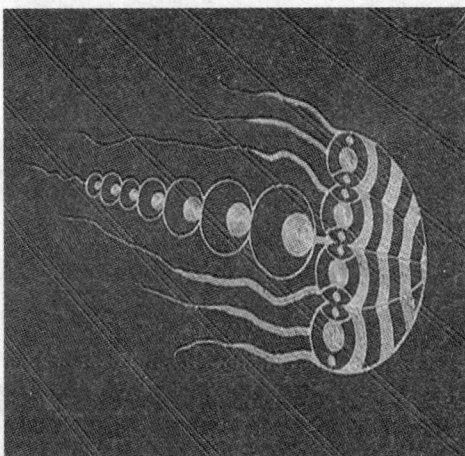

◆奇异的麦田圈

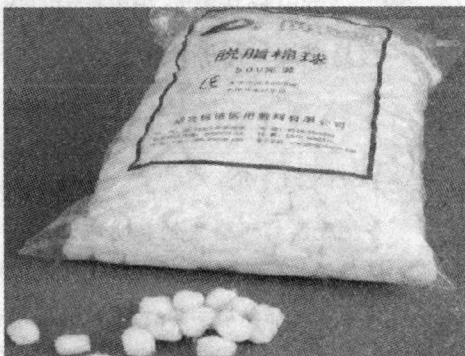

◆脱脂棉

化学趣味探索实验

实验用品

脱脂棉、100mL 烧杯、玻璃棒、铁丝、铁夹若干、磷酸钠饱和溶液、明矾饱和溶液、30％硝酸钾溶液、浓硝酸（密度 1.4g/mL）、浓硫酸（密度 1.84g/mL）

实验步骤

1. 将脱脂棉分为四等份。第一份脱脂棉不作处理。

2. 将第二份脱脂棉先放入磷酸钠溶液中浸透，取出，晾干后再浸入明矾溶液，取出，晾干。

3. 将第三份脱脂棉浸入硝酸钾溶液，取出，晾干。

4. 将第四份脱脂棉浸入 10mL 浓硝酸和 20mL 浓硫酸的冷混和液中，约 15 分钟后取出，洗净，晾干。

5. 将上述四份脱脂棉夹在铁丝上，各相距 5cm 的距离，然后依次点燃。

实验现象

第一份可以燃烧，但速度不快；第二份不易燃烧；第三份容易燃烧；第四份极易燃烧。还等什么，赶快去验证吧！

原 理 介 绍　奇异的脱脂棉

当把脱脂棉用磷酸钠和明矾溶液浸过后，会在棉纤维上形成一层保护膜，这层保护膜具有阻燃的功效。脱脂棉用硝酸钾溶液浸过后，当点燃时，因为硝酸钾受热分解出氧气（反应方程式是：$2KNO_3 \rightarrow 2KNO_2 + O_2\uparrow$），氧气是助燃的），所以很容易燃烧。当把脱脂棉放入按 1：2 的比例混合的浓硝酸和浓硫酸中浸泡后，由于棉纤维和硝酸在浓硫酸作催化剂的条件下发生酯化反应，生成极易燃烧的纤维素三硝酸酯，此时的脱脂棉在外表上跟原脱脂棉相似，但遇火能迅速燃烧。

小资料——脱脂棉的制作

脱脂棉（degreasing cotton）

脱脂棉又称药棉，是经化学处理后去掉脂肪的棉花，它比普通棉花更容易吸收液体，可以用作卫生用品，也可以用来制造硝酸纤维。

脱脂棉无臭、无味、无色斑，纤维柔软细长，洁白富有弹性，易于分层，没有酸、碱等有害杂质。

脱脂棉是棉花经工艺脱脂而成，因进行过脱脂处理，故有很好的亲水性。把脱脂棉浸泡于 75% 酒精后可作消毒棉球。

◆脱脂棉

原料 上等的棉花、苛性钠（NaOH，工业级）、水。

制作方法 把棉花撕开，去除里面可以看见的杂质，如小石子、枯叶等。然后再用清水把棉花洗干净，并把棉花装在搪瓷锅中，加入水至刚好能被淹没，再向搪瓷锅中加入相当于其中水重的 4% 的苛性钠溶液，加盖煮沸后继续用小火煮 10 分钟后冷却，用大量水冲洗，边洗边搓约 10 分钟。把洗好的棉花置于干净的纸上晾干。

你也可以制作脱脂棉啊！

化学趣味探索实验

纸可当铁用——纸锅煮鸡蛋

◆鸡蛋

化学趣味探索实验

鸡蛋是营养丰富的食品，它含有脂肪、卵黄素、卵磷脂、维生素以及铁、钙、钾等人体所必需的矿物质，另外，鸡蛋中含有自然界中最优良的蛋白质。

早上，父母很早就给我们煮好鸡蛋，起床之后我们就能享受美味可口又有营养的早餐了。

你见过自己的父母煮鸡蛋吗？知道父母每天早上是用什么工具给我们煮鸡蛋吗？

你会根据自己已经掌握的知识或者请教自己的父母每天早上是怎么煮鸡蛋，然后会很肯定地给出你的答案——铝锅。

现在，社会上普遍提倡素质教育，而素质教育很重要的一点就是培养同学们自己动脑、动手的能力，那么，对于煮鸡蛋这件事情你会想到些什么呢？

开动脑筋，看看还有什么方法可以煮鸡蛋。你听说过用纸锅煮鸡蛋吗？纸锅，顾名思义就是用纸做成的锅。你肯定会感到惊讶！纸遇到火为什么不燃烧反而还能当做锅煮鸡蛋呢？

实验用品

一张硬纸、酒精灯或蜡烛、回形针、三脚架

实验步骤

1. 用硬纸和回形针做一个硬纸盒。要求所制作的纸盒不能漏水。然后把制作完成的纸盒放在三脚架上。

2. 向纸盒中注入适量的水，一般加水量以占纸盒体积的四分之三为宜。

3. 把鸡蛋放进纸盒中，把酒精灯放在纸盒下进行加热，注意酒精灯的火焰不要离纸盒的下端太近。

知识库——煮鸡蛋三部曲

煮鸡蛋听上去很简单，其实不然，煮鸡蛋的学问很大。若煮法不当，会破坏鸡蛋的营养成分。

煮鸡蛋的正确方法是先将洗干净的鸡蛋放在盛水的锅内浸泡一分钟，然后用小火烧开。这样可以防止鸡蛋在烧煮过程中因蛋壳爆裂而损失掉鸡蛋中的营养成分。

等到锅内的水烧开以后，再用小火继续煮一会儿。烧煮的时间不宜过长，否则，鸡蛋中的亚铁离子会与硫离子在持续加热的时候产生化学反应，从而影响人体对铁的吸收。

煮熟的鸡蛋应取出来放在凉开水中冷却，但冷却的时间不宜过长，一般降温半分钟即可，这样既容易剥皮又能避免细菌感染。

趣味篇

新型吸烟机——玻璃棒空中取烟

炎热的夏天没有一丝凉意，一些小朋友吃过晚饭后聚集在院内乘凉。大家看到有"农村爱迪生"之称的李爷爷也在院子里乘凉，于是，大家就上前缠着李爷爷给大家表演一个魔术。

李爷爷思考了一下，决定给大家表演一个化学小魔术——玻璃棒空中取烟。

李爷爷在面前的石桌上放一个烧杯，烧杯里装上大半杯清水，在烧杯旁边放了一根玻璃棒。准备完这些以后，李爷爷拿出一根香烟点上，向空中吐出一团烟雾，接着，爷爷问大家见过家里烧菜时抽油烟机抽烟吗？

随后，李爷爷指着空中刚刚吐出的烟雾说："我能用这根棒子把刚刚吐到空中的烟雾取回来，并且将它放到这个杯子里去。下面我就给大家表演一个神奇的玻璃棒吸烟的小魔术"。

小朋友们开始议论纷纷，这是真的吗？大家都不相信会有那么神奇的玻璃棒。

◆盛夏在院中乘凉

◆抽油烟机

化学趣味探索实验

实验用品

玻璃棒、烧杯、香烟。

"一会儿我表演的时候大家要仔细看，动动脑筋，想一想这里面究竟有什么奥秘。"李爷爷说。

实验步骤

化学趣味探索实验

李爷爷看着大家疑惑的表情没说什么，只见他慢慢地拿起石桌上的玻璃棒在将要消失的烟雾里划了几下，紧接着又用这只刚刚在空中划过的玻璃棒移到烧杯口上面划了几圈。

奇迹出现了，烧杯里的水面上突然出现了一团白色的烟雾。神奇的玻璃棒居然真的像抽油烟机一样把喷在空中的烟雾吸走了。

◆让玻璃棒在有烟雾的地方划几圈

这个小实验，使小朋友们感到非常神奇，他们怎么也弄不清楚一根普通的玻璃棒为什么能变得如此神奇，竟然能够把空中的烟雾像磁铁吸铁屑一样轻松地吸走。李爷爷表演完，大家好久都没回过神来，一直沉浸在刚才的表演中。

究竟玻璃棒是怎么将烟雾带到了烧杯水面上的呢？难道李爷爷真的会表演魔术？

奥秘探究——玻璃棒为什么能吸烟？

原来，烧杯里盛的不是清水，而是看上去跟水一样无色透明的氨水。氨水的最大特性就是很不稳定，容易挥发出氨气。氨气从水溶液中跑出来后，便飘浮在溶液的上面。

$$NH_3 \cdot H_2O \longrightarrow 2NH_3 + H_2O$$

实际上，李爷爷并没有真的将他吐到空中的烟雾用玻璃棒抓回来又放到烧杯中去，而是在他用的玻璃棒上事先蘸取了一定量的浓盐酸。浓盐酸的特性与氨水一样，也极易挥发，挥发的浓盐酸气体叫氯化氢气体。

当从溶液中挥发出来的氨分子和从玻璃棒上挥发出来的氯化氢分子相遇时便会发生化学反应，生成白色烟雾状的氯化铵分子：

$$NH_3 + HCL \longrightarrow NH_4CL$$

李爷爷用玻璃棒在空中划几下的动作跟电视上那些魔术表演者一样，只不过是个障眼法，目的就是为了造成这些烟真的是从空中抓取的假象。

化学趣味探索实验

清洁能源——自制固体酒精

◆火锅越来越受到人们的欢迎

◆学生郊游时自己烧菜

化学趣味探索实验

近年来，火锅越来越受到人们的欢迎，同学聚会或是朋友之间聚餐的时候，大家往往选择吃火锅。

去餐馆或饭店吃火锅的时候，你有没有注意到很多餐馆和饭店已经不再使用液化石油气了。因为餐馆和饭店在人群密集的地方使用液化石油气存在着一定的危险。他们已经改用更为安全、更为清洁环保的燃料来代替液化石油气了。

左上图中展示的是现在越来越受到人们欢迎的火锅。吃火锅价廉物美，深受现在年轻人的追捧。

左边下图是某小学组织的一次郊游活动。同学们在领略大自然美景的同时，也不忘记锻炼自己的动手能力。图中他们正在自己准备午餐。我们可以看到他们正在烧菜，但他们是用干树枝来作燃料的，这样既产生大量浓烟污染环境同时又耗费大量时间。

假如我们用新型的清洁能源——固体酒精来烧菜的话，这些问题就可以迎刃而解了。

接下来就让我们一起了解固体酒精的制作过程。

我们学会了如何制作固体酒精，以后在郊游或是组织夏令营的时候就可以轻松方便地烧制自己喜欢吃的菜肴了。

实验用品

烧杯、玻璃棒、乙醇、硬脂酸、氢氧化钠、量筒、天平。

实验步骤

1. 首先用量筒取 75mL 水装入烧杯中，再将烧杯中的水加热至 70℃～80℃，接着再加入 125mL 乙醇。

2. 再用天平称取硬脂酸 90g 加入烧杯内，边加边搅拌。

3. 另取一个烧杯加入 20g 氢氧化钠，再加入适量的水使之完全溶解。

4. 将溶解好的氢氧化钠溶液倒入盛有酒精、硬脂酸的烧杯中，再加入

◆固体酒精在燃烧

少量乙醇，用玻璃棒搅匀，然后倒入另一干净的小烧杯中，冷却后即成为固体酒精燃料。

小书屋　　**硬脂酸**

Stearic acid；Octadecanoic acid，Triple Pressed Stearic Acid 即十八烷酸，分子式 $C_{18}H_{36}O_2$，主要用于生产硬脂酸盐。

知识拓展——酒精

酒精的化学名称叫乙醇，与工业用酒精不是同一种物质，工业用酒精的化学名称叫甲醇，虽然有时它们均简称酒精，但大家要注意进行区分。酒精很容易挥发，应密封保存，同时酒精还属于易燃品（酒精燃烧的反应方程式：C_2H_5OH+

化学趣味探索实验

$3O_2 \longrightarrow 2CO_2 \uparrow +3H_2O$），要远离火种。酒精有酒的气味，微甘，不导电。酒精的分子式为 C_2H_6O，室温下酒精的密度为 0.7893。如果按化学官能团对其分类的话，它属于醇类，因为它的化学分子式中含有羟基，又因为它的化学式中只有两个碳，所以把它称做乙醇。

酒精的凝固点很低，为 $-117.3℃$。在温度很低的时候它仍能正常使用。另外，酒精还是一种非常优良的溶剂，能与大多数化学物质互溶，如它可以与水、甲醇、乙醚和氯仿等以任何比例混溶。但是需要注意的是，酒精的挥发气体与空气混合达到一定浓度时能引起爆炸，爆炸浓度在 3.5%～18.0%。酒精具有良好的杀菌效果，一般医院中使用体积分数大于 70% 酒精进行杀菌消毒。酒精还可以用做防腐剂等其他用途。酒精具有其他化学物质所不具有的化学特性。比如当酒精处于临界状态时，它的溶解能力超强，可实现超临界萃取。由于酒精燃烧时放出的热量大，目前已广泛用于实验室等一些场所作燃料，可以说，酒精是一种质地优良、极具潜力的新型能源。

紧急状态——一触即发

一触即发原指把箭扣在弦上，拉开弓等着射出去。比喻事态十分紧急，形势稍一发生变化就有立即爆发的可能。日常生活中我们也经常说"箭在弦上，一触即发"；一些影视作品中也经常会出现枪已上膛，一触即发的情形；还有，一些新闻报道中也会说到"现在形势很紧张，一触即发"。那么，我们这个实验是怎么回事呢？实验过程是不是很紧张呢？

◆核武器的巨大威力

化学趣味探索实验

实验用品

试管、漏斗、滤纸、铁架台、玻璃棒、烧杯、石棉网、硝酸银、氨水、乙醛、去离子水、氢氧化钠。

实验步骤

1. 先清洗实验用的试管，分别用氢氧化钠和去离子水清洗，洗后把试管晾干备用。

向干燥好的试管按先后顺序分别加入 1mL 硝酸银溶液和少量氨水，最后加氨水的时候边加边振荡，直到最初生成的沉淀刚好溶解为止。试管中

的溶液称之为银氨溶液。

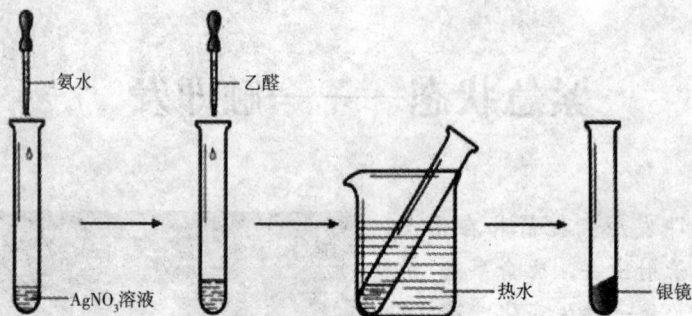

氨水　乙醛

AgNO₃溶液　　热水　　银镜

◆实验示意图

◆银镜反应实验

2. 另取一支干燥的试管加入新制的银氨溶液 15mL~20mL，接着向其中滴入少量乙醛。

3. 把试管放入盛有热水的烧杯中。可以观察到，试管的内壁上立即生成了银白色的沉淀物，继续滴加少量乙醛使试管中的银氨溶液充分反应。

4. 把试管中的样品进行过滤处理，将过滤出来的沉淀物分成绿豆大小的若干堆，放在一张滤纸上让其自然风干。干燥好的样品为乙炔银。

5. 乙炔银干燥以后，把它放在两块硬纸板之间，稍用力挤压就会发生爆炸；把它放在地面上时用脚稍用力踩就会发出爆炸的声音；对它稍微加热也会发生轻微的爆炸。

实验注意事项

1. 清洗试管时要彻底清洗洁净。否则，生成的乙炔银会呈现黑色疏松状。

2. 实验中加入溶液时要边加边振荡试管，特别是当加入最后一种溶液时，振荡要快，以免出现黑斑或产生的银镜不均匀。

3. 实验过程中加入的氨水要适量，另外，氨水的浓度不宜太浓，浓度以 2% 为宜。滴加氨水的速度一定要缓慢。加入氨水过量容易生成爆炸性物质，给实验者带来危险。

4. 因为常温下碱也能促使乙醛与银氨溶液发生反应，所以，如果实验中加的碱过量，反应速度会过快，会产生黑色的乙炔银，影响后面实验的效果。

5. 新配置的银氨溶液不宜长时间放置。放置的时间久了会析出氮化银、亚氨基化银等沉淀物。这些沉淀物极易发生爆炸，即使是用玻璃棒轻微地摩擦也会分解而发生猛烈爆炸。

原 理 介 绍

一触即发

把乙醛滴入银氨溶液后会生成乙炔银沉淀，乙炔银干燥后如果受到加热、摩擦或撞击都会发生爆炸。

醛基容易在碱性中被氧化成羧基，羧基再与银氨溶液中的氨（NH_3）反应生成 $COONH_4$。

化 学 趣 味 探 索 实 验

化
学
趣
味
探
索
实
验

空中楼阁不再是幻想
——建造一座水中花园

◆海底世界

能够建造一座巴比伦式的空中花园曾经是我们美好的向往。你希望拥有这么一座花园吗？使用化学这根"魔杖"，我们可以轻松地建造一座人工的"水中花园"。这座"水中花园"不仅有着海底世界的绚丽多姿，而且也比真正的水中花园建造得快。只需你稍费力气，"水中花园"就能神奇地出现在你的面前。

实验用品

硅酸钠晶体、铁、钴、铜、镍锰的氯化物。

实验步骤

1. 准备少量的细砂，铺在水槽底部，厚度约为 1cm，再放置一些洗净的小石头，然后向水槽中加入浓度为 40% 的硅酸钠溶液，保持水槽中溶液的深度约为 7～10cm。

2. 用镊子依次把氯化铜、氯化锰、氯化钴、氯化铁、氯化镍等可溶性盐的晶体放在水槽底部细砂的不同位置上。放好以后让溶液自然静置一会儿，然后可以看到放入的盐的晶体逐渐生出蓝白色、肉色、紫红色、白

色、黄色、绿色的树芽状、树叶状的"花草"，鲜艳美丽，婉如"水中花园"。

实验注意事项

这个实验中需要引起我们注意的是，水槽中花草长出的过程需要较长的时间。我们要耐心等待，不要频繁地晃动水槽。

◆水中世界

原理介绍

建造一座水中花园

大多数硅酸盐不溶于水，当金属盐与硅酸钠发生反应时，会生成不同颜色的金属硅酸盐胶体；由于压力作用，这些金属盐胶体最后可以变成各种形状的"花草"，故有"水中花园"之称。

历史典故

你听说过"空中花园"的美丽传说吗？你知道"空中花园"的来历吗？

很久以前，一位巴比伦国王在位时娶了一位美丽的公主米梯斯，国王特别喜欢这个公主，没多久就把她封为王后。可是过了一段时间，这位美丽的公主常常愁容满面，国王看见以后心痛不已。

有一天公主对国王说："我来这里之前，我家周围青山环绕、绿草丛生，可是现在这里却只有荒凉的平原，一个小土堆也找不到。我现在特别怀念我家周围的青山绿水和鲜艳的花草！"国王终于弄清楚了公主为什么发愁了，于是，他马上从全国找来最顶尖的工匠，按照公主家乡的景色，在他的宫殿里特地建造了一座跟公主的家乡一样的花园。花园中的花草和树木都是国王派人从公主的家乡专门运来的。

国王为了讨公主喜欢，他还特别命令工匠们在花园的中央修建了一座楼阁。这座楼阁矗立花园中央，公主看了以后欣喜不已，随口说道："这简直就是一座'空中花园'"。从此，这座花园就正式命名为"空中花园"。

化学趣味探索实验

了解自然——火山爆发

◆火山爆发

读者朋友们，你知道火山爆是怎么回事吗？

火山爆发是地壳内部的岩浆在瞬间从火山口向外释放的现象。岩浆中含大量的挥发性成分，但由于岩浆上覆盖着岩层，平时这些挥发性成分是无法溢出的，但是当岩浆不断挥发，压力增大到一定的程度时，便会突破表面岩层急剧地释放出来，形成火山爆发。火山爆发是大自然的一种正常现象，是地壳运动的一种表现形式，火山喷发的时候会散发出大量的热量。就像图中所示的一样，火山爆发时，滚烫的岩浆四处流淌，所经之处马上化成一片火海。我们生活中火山爆发是很少见的，这里给大家介绍一种可以模拟火山爆发的实验。

实验用品

30cm×30cm 木板、坩埚、泥、长滴管、高锰酸钾、硝酸钾、重铬酸铵、甘油。

实验步骤

1. 先在木板上放一小堆泥土，再在上面放上坩埚，坩埚周围用泥土围好，成一个小山丘状，坩埚上方为"火山口"。

2. 把5g高锰酸钾和1g硝酸钾的混合物加入坩埚中，再把10g研细了的

化学趣味探索实验

重铬酸铵粉末堆放在混合物的周围。

3. 用滴管滴加适量甘油在高锰酸钾的混合物上，等待现象的发生。

实验现象

一会儿就看到有紫红色火焰喷出，接着又有绿色的"火山灰"喷出。

这样，整个实验过程近似火山喷发。要注意的是，当实验开始时我们要站远些，这样才能保证我们在安全的情况下感受火山爆发的震撼。

原理介绍

火山爆发

实验的原理是这样的：高锰酸钾混合物与甘油混合后发生激烈反应并放出大量的热，使重铬酸铵分解生成的固体残渣随生成的气体喷出。这样就会看到火红的物质喷出，就像火山喷发一样，场面十分壮观。但是，在做实验的时候一定要注意安全。

科学趣闻

有的科学家认为，一次超强度的火山喷发可能令人类灭亡。大不列颠公共大学的斯蒂芬·塞尔夫教授声称，目前还没有可以阻止这种灾难的有效办法。世界各国的科学家们正在努力研究各种可行的方法，以降低这种来自地球内部的灾害可能会给我们带来的损失。

更有甚者，有人曾断言，现在的火山喷发时所造成的危害要比过去大好几百倍。

前不久，一些美国地质学家在黄石国家公园调研时，就曾在黄石

◆火山喷发

国家公园发现了不太深的火山灰死层。他们认为这些火山灰死层的形成是由发生在距今 62 万年前的一次特大的火山喷发所造成的。这一结论已被世界上很多的科学家所认同，他们宣称，将协同生物方面的科学家一起对黄石国家公园中的火山死灰层进行研究。

化学趣味探索实验

能点火的手——手指代替火柴

人类是万物之灵。千百年来，人们靠着自己勤劳灵巧的双手创造出先进的文明，造就了我们今天的幸福生活。手对人类来说具有至关重要的作用，如果列举手的功能的话，我相信每个人都能说出很多，但是，如果说我们的手指能像火柴一样来点火，你相信吗？

如果你不相信，觉得好奇的话，就接着往下看！我们一起来做个化学小实验验证一下。

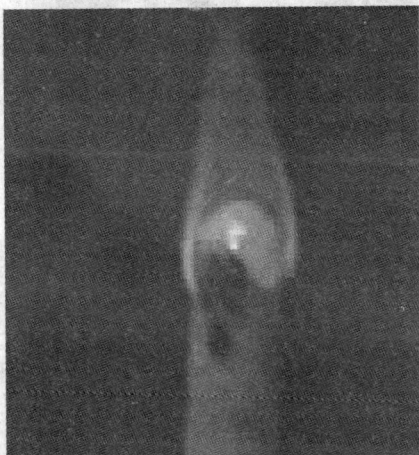

◆手指着火

实验原理

把硫放到蜡烛上，蜡烛的余烬使硫燃烧。硫燃烧时放出的热量使氯酸钾分解产生氧气，因而硫燃烧得更旺，余烬便着火了。

实验用品

研钵、蜡烛、烛台、电子天平、氯酸钾、硫。

实验步骤

1. 用电子天平称取 1g 硫和 2g 氯酸钾。
2. 把称好的硫和氯酸钾分别放入研钵内研磨，研成细细的粉末，最后把它们混和均匀。

◆研钵研磨

◆电子天平

◆实验用蜡烛

化学趣味探索实验

3. 如果没有硫和氯酸钾，可以用废弃的火柴头上的药品。

4. 把一支点燃的蜡烛放置在小烛台上，用手指头蘸取少量刚刚混和好的粉末。

5. 实验时，先将燃烧着的蜡烛吹灭，然后趁着蜡烛尚有余烬的时候，迅速用蘸有混合好的粉末的手指迅速碰一下蜡烛的烛芯，这时候就可以发现蜡烛可以自己复燃了。你可以再次把蜡烛吹灭，再用粘有粉末的手指点燃。

重复上面的步骤进行这个实验。

小 书 屋

氯酸钾

英文名称：Potassium Chlorate　　俗称：白药粉

物理颜色：白色　　　　　　　　　分子式：$KClO_3$

分子量：122.55　　　　　　　　　构成：K、Cl、O

溶解度：7.4g（20℃）

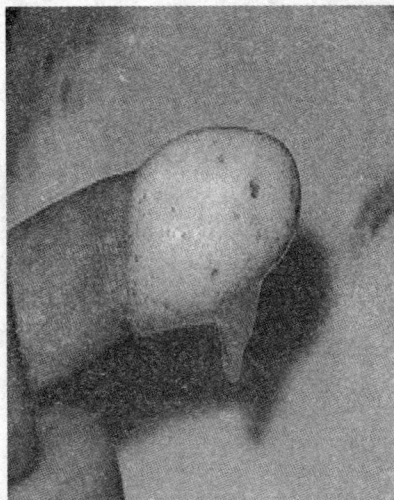

◆实验示意图

实验注意事项

1. 实验选用蜡烛的烛芯应该尽量长些，保证在吹灭后仍会留有余烬。

2. 如果做实验时用的是废弃的火柴头上药品，只需要用手指蘸一点点就够了。如果蘸多了，很容易灼伤手指。

化学趣味探索实验

天神下凡——口吐仙气

◆美猴王——孙悟空

化学趣味探索实验

电视连续剧《西游记》里经常会看到口吐仙气的情节。比如说当孙悟空要变出另一个自己。这时，他会拔一根猴毛，对准它吹口气，另外一个孙悟空就会立刻出现在眼前，就像克隆一样。我们一般都认为孙悟空所吹的气是仙气。我们的实验是"口吐仙气"，难道化学实验真的可以让这种神话发生吗？不是的。这里的仙气并不是像神话中的仙气一样，化学还是尊重客观事实的。下面就具体给大家介绍一下这个实验，看看到底是怎么回事？

实验原理

汽油挥发的气体可以被点燃。空气中混有的汽油挥发气体含量达到一定的程度的时候，遇到火花会发生剧烈的燃烧甚至爆炸。

实验用品

细玻璃管、酒精灯、塑料管、脱脂棉、汽油、丙三醇、喷灯。

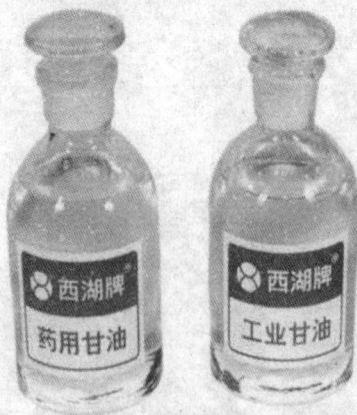

◆甘油

实验步骤

1. 取一根长约 20cm 的细玻璃管，在它外面套一层塑料管，再在管内放一团浸过汽油的脱脂棉。

2. 先将酒精灯点燃，然后将细玻璃管的一端对着酒精灯火焰，从另一端向玻璃管内吹气。这时可以发现，在玻璃管的一端和酒精灯之间会产生一条火舌。

如果想让这个实验更有趣，你可以先准备一点肥皂水，然后把玻璃管一端浸入肥皂水中，等一会儿，取出后向玻璃管一端吹气，会产生许多的泡泡，这时再用点燃的脱脂棉去点这

◆实验用酒精灯

些泡泡，便会听到一连串的爆炸声，同时看到一个个小火球。在做这个实验的时候必须注意自身安全。

知识拓展——甘油

甘油的化学名称叫丙三醇。甘油是一种没有颜色、没有气味的液体。甘油的化学结构完全不同于一般的碳水化合物，因此，甘油和一般的碳水化合物的化学性质不同。甘油燃烧时可以放出大量的热量。甘油对人体的正常生理活动起着重要的作用。一些食品加工企业经常使用甘油作为甜味剂，尤其是在一些乳品中更是常常使用甘油作为甜味剂。

需要指出的是，甘油的另一个重要作用是它具有保水功能。甘油被人体吸收后可以增加血容量，会产生恶心等一系列不适症状。

化
学
趣
味
探
索
实
验

让鸭子拥有魔力
——自动长毛的鸭子

◆鸭子

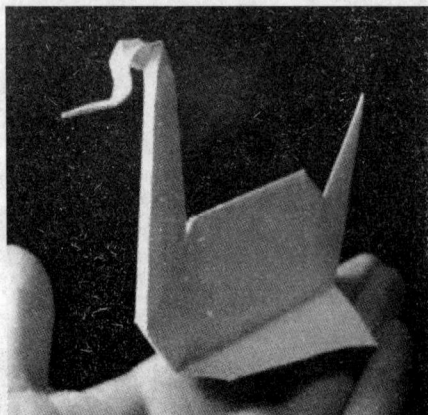

◆用铝箔折成的鸭子

大家对鸭子都很熟悉，它为我们提供鸭蛋、鸭肉等丰富的营养品。我们在化学实验中可以看到"鸭子"自动长毛的奇怪现象。你相信吗？

实验用品

一张铝箔、毛笔、硝酸汞、棉花或布条

实验步骤

1. 找一张铝箔对照鸭子的图片，把它折成鸭子的形状，使得有铝涂层的一面朝向外面。

2. 把折好的鸭子周身用毛笔蘸着硝酸汞溶液均匀地涂一遍。注意此项操作要在通风性良好的通风橱中进行。涂好以后把鸭子放在通风橱中，等待观察实验现象。

3. 一会儿，让你惊奇的事情发生了，只见鸭子身上慢慢地长出白茸茸的毛！当你用软布把鸭子身上刚刚长出的毛擦掉之后，它又会重新长出来。

实验注意事项

实验中硝酸汞（$HgNO_3$）为剧毒化合物，实验时一定要采取防护措施，注意安全！

1. 汞离子不仅可以使含巯基的酶丧失活性，失去功能，而且汞离子还能与酶中的氨基、二巯基、羧基、羟基以及细胞膜内的磷酰基结合，造成相应的损害。

2. 硝酸汞可以引起人们头痛、头晕、乏力、失眠、多梦、口腔炎、发热等症状；也会使人产生食欲不振、恶心、腹痛、腹泻等症状；严重者可发生间质性肺炎及肾损害。误服硝酸汞后会导致急性腐蚀性胃肠炎，更有甚者，会造成由坏死性肾病导致的急性肾功能衰竭。

当发生慢性中毒时，患者会出现胆怯、害羞、易怒、爱哭等情绪症状和汞毒性震颤等症状。

小知识——充分认识铝

金属铝的化学性质特别活泼。把铝放置在空气中时，它很容易和空气中的氧气发生反应，在表面生成一层致密的氧化铝薄膜，这层薄膜可以保护内部的铝不被氧化。通常的铝制品之所以能免遭氧化，就是因为铝制品表面有一层致密的氧化铝薄膜保护着。

由于硝酸汞具有特殊的性质，当把硝酸汞溶液涂在铝表面上以后，它能穿过铝表面上那层致密的氧化铝薄膜，与里面未发生氧化的铝发生反应生成汞。生成的汞与铝结合又生成"铝汞齐"合金。在合金表面的铝由于没有氧化铝薄膜的保护，很快又被空气中的氧气氧化成白色固体氧化铝。

烈火中永生——烧不坏的手帕

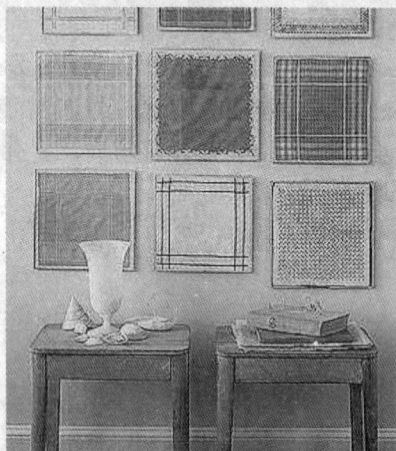

化学趣味探索实验

◆布手帕

亲爱的读者朋友，你使用过手帕吗？日常用的手帕一般是用棉纱纺织而成的，这种手帕具有吸水性好、洗涤后不会发生变形等优点。手帕的种类有很多，但就其制作工艺来说一般可以分为两种：第一种制作工艺是先用纯色的棉纱织成坯布，再经过漂染、印花等工序制成。这种方法制作的手帕可以印上各种图案；第二种制作工艺是将经过事先经过染色处理的棉纱织成坯料，随后再经过漂染、裁剪等简单的工序制成。这种方法制作出来的手帕的纹理大多以平纹为主。现在，随着科学技术水平的提高，也有一些手帕制造商将印绣结合以及将剪花等工艺应用于手帕，大大增强了手帕的美感。手帕以女士用的居多，不过也有专门的男帕和儿童使用的童帕。

现在越来越多的人开始使用手帕。不管是纸手帕还是布手帕（图中所示是各种布手帕），我们知道，它们都经不起火的考验，哪怕是一点小火星也能对它们造成破坏。这里给大家介绍的是烧不坏的手帕，你相信吗？下面就带你看看烧不坏的手帕是怎么制作的。

实验原理

酒精易燃，燃烧时会放出大量的热，放出的热量会加快酒精和水分的挥发。我们知道，液体挥发要吸热，左右摇晃手帕时又可以加快酒精的挥发。这样，手帕的温度就会被降低到着火点以下使其不能燃烧。

实验用品

手帕、100mL 烧杯、打火机、竹夹子、酒精。

实验步骤

1. 将实验用的手帕放进装有 20mL 酒精和 10mL 水构成的溶液的烧杯中浸透。

2. 浸泡 10 分钟后把手帕取出，把手帕上的酒精挤掉，然后用打火机点燃。

3. 刚开始时手帕上的火焰会很大，这时候应该小心操作，左右摆动手帕，直到火焰熄灭。奇迹发生了，你会看到一块完好无损的手帕！你也可以用同样的方法进行实验。

小书屋

着火点

着火点是指物质在与氧气等其他助燃气体相互接触的时候能够发生燃烧所需要的最低温度。着火点与物质的特性有关，一般情况下，物质不同着火点也不同。即使是相同的物质，在不同的气体中的着火点也是不同的。

化学趣味探索实验

美化你的器件
——器物上刻花（字）

雕刻是中国传统工艺美术中最精美的艺术之一。当看到古朴典雅的青花瓷上那些清新飘逸的花纹时，你会禁不住对它的工艺叹为观止。刻在器物上的图案或字除了有纪念意义外，还有独特的美学价值。你知道木器或竹器上的图案或字是怎么刻上去的吗？今天，我们用化学方法教你怎样在器物上刻图案或字。

◆古代的青花瓷

◆刻字的木器

实验用品

木器、浓硫酸、酒精灯。

实验步骤

取少量浓硫酸先用水进行稀释以后，用毛笔蘸着在木器（或其他木纤维制品）上画一幅美丽的图案或写几个汉字。晾干后把木器放在酒精灯上方（注意不要离火焰太近）烘烤一段时间，再用自来水冲洗干净，这样，在木器（或其他木纤维制品）上就能得到很漂亮的图案，这些图案颜色一般为黑色或褐色。

小书屋

浓硫酸

浓硫酸是指浓度（这里的浓度是指硫酸溶液里硫酸的质量百分比）不低于70%的硫酸溶液。高浓度的浓硫酸具有强氧化性，这是它与普通硫酸最大的区别。浓硫酸俗称坏水。

历史知识——陶气

据史料记载，中国在陶器上刻字等工艺发展的鼎盛时期是秦汉时期。现在出土的一些灰陶、硬陶，还有一些早期的青瓷上都发现了少量的文字，很多人都亲眼见过有"道在瓦甓"之称的砖瓦文字。我们知道，陶瓷是用泥土烧制而成的，在由泥土向陶瓷转变的过程中，艺术家给陶瓷赋予灵性，使它成为能代表人类思想感情的特殊载体。早期的艺术家在这一方面做得非常好，很值得我们学习。比如早期艺术家的作品"汉洛阳刑徒墓砖文"字体刚健清晰，表达出独特的艺术语言和审美境界，其创作方式即使是放在科学技术高度发展的今天也是令人称奇的。

当陶器上面的刻字以汉字独有的形式，并且结合西方一些创作风格，在特定范围内，依据陶器本身的外形进行精心设计时，这样创作的作品往往都是当今人们竞相追求的工艺品。

化学趣味探索实验

潜水员的杀手锏
——呼吸面具的制作

◆俄罗斯蛙人

◆煤矿救援人员

化学趣味探索实验

　　我们经常从电影中看见一些国家的特种兵——"蛙人"，蛙人一般是指那些在水中执行特殊作战任务的特种兵，因为他们在水中游泳时，远远望去就像青蛙一样，所以，他们便被人们称做"蛙人"。他们能戴着面罩长时间在水下游动。

　　蛙人是最具战斗力的海上突击力量之一，又被称做"水鬼"。"蛙人"除了具备超凡的"水下作战"技能外，他们的空中和陆地作战的能力也非常优秀。

　　"蛙人"的战场主要是深不可测的水下世界，这需要他们练就超凡的本领，付出比其他军人更多的努力和汗水。

　　呼吸面具的好坏对于"蛙人"来说是至关重要的。蛙人能够长时间地潜伏在水中，很大程度上是依赖于呼吸面具。

　　除了潜水员，对于一些在救援部门工作的人员来说，呼吸面具同样是必不可少的工具，如煤矿救援人员参加煤矿营救，消防队员进入有毒气体场所施展救援，地质学家在进行古墓勘测的时候等。

你也许会感到迷惑，一个小小的呼吸面具怎么能长时间提供氧气呢？

实验用品

过氧化钠、带火星的木条、吸管、试管。

实验步骤

1. 在试管中装少量的过氧化钠。

2. 用吸管向试管中的过氧化钠吹气。

3. 把带火星的木条放在试管口，观察现象。

带火星的木条

实验现象

只见带火星的木条一会儿就燃烧起来，说明我们向试管中吹气，试管中产生了氧气。

◆木条复燃

知识拓展——另一重要面具之防毒面具

防毒面具按照防护的原理可以分为过滤式和隔绝式两种。

1. 过滤式防毒面具

过滤式防毒面具的主要构件包括面罩和滤毒罐。面罩包括罩体、眼窗、通话器和头带等部件。滤毒罐的作用是净化被污染的空气，内装活性炭等吸附剂。活性炭等吸附剂可以吸附有毒气体，从而避免有毒气体通过呼吸道进入人体内部给人造成伤害。质量较轻的滤毒罐可直接连接在面罩上，对于那些像头盔状的防毒面具，滤毒罐往往需要通过一根特殊的导气管与面罩相连。

化学趣味探索实验

◆防毒面具

化
学
趣
味
探
索
实
验

2. 隔绝式防毒面具

　　隔绝式防毒面具的特点是面具本身可以提供氧气。这种面具提供氧气的方式一般分为贮氧式和化学生氧式两种。隔绝式面具主要在一些毒气浓度高的环境中（体积浓度大于1％时）或在缺氧条件下使用，隔绝式防毒面具也可以用于水下，特别是一些深水区的作业中。

掌控天气
——天气预报

　　天气预报一般是根据大气变化的规律，以及近期的天气资料，对未来一定时期内的天气情况进行预测。它主要是依据对卫星云图的分析以及以前一段时间内的气象资料和积累的经验作出的。如我们每天所收看的天气预报，就是综合了卫星云图和多方面的资料作出的。我们现在给出的天气预报的准确度已经比较准确了。及时了解天气预报可以帮助农民进行农业生产活动的安排，有利于他们进行田间管理，提高农作物的产量。天气预报现在已经成为广大农民朋友的好帮手。

　　我们现在出门工作或去旅游时第一件事就是看天气预报，了解一下最近几天的天气如何，以便作出及时的调整。你知道吗？有许多化学物质也可以对天气进行预报，下面我们就教大家一个名为"天气预报"的实验。

实验用品

滤纸、细铁丝、玻璃棒、二氧化钴。

实验步骤

1. 将滤纸做成花的形状，然后将其缠绕在一根玻璃棒上。
2. 把用滤纸折好的纸花浸入二氧化钴溶液中，待一会儿后拿出晾干。
3. 完成以上两步后，稍微等几分钟，再仔细观察实验有什么现象发生。

化学趣味探索实验

化
学
趣
味
探
索
实
验

实验现象

你会发现：如果用喷雾器对它喷水的话，花就会变成粉红色。根据花的颜色的改变就可以知道现在的天气如何了。在院子里摆上一朵这样的花或随时携带一朵，当雨水来临、花在遇到水时蓝色的花就会变颜色，这不是很有意思吗？

原理介绍

预测天气

二氧化钴晶体中因含有结晶水的不同会呈现根据出不同的颜色。当分子不含结晶水时，呈蓝色；含 $2\sim5$ 个结晶水，显紫色；晶体含 6 个结晶水时就显粉红色了。可以根据二氧化钴晶体中结晶水的数量来判断天气的状况。

知识拓展——多变的天气

天气是一定区域内的大气状态（如小雨、下雪、有雾、晴天等）及其变化的总称。当今地球的天气变化越来越无规律可循，这与人们平时在进行工农业生产的时候不注意保护环境有很大关系。你一定能深切地体会到现在的冬天已经越来越暖和了，有科学家曾经预测，如果全球的天气像现在这样继续变暖的话，那么地球上南极和北极的冰川到 2025 年时就会减少十分之一。如果他的预言成为现实的话，那么会给一些沿海国家或地区造成巨大的灾难。一个地区的天气往往具有这个地区的一些特征，我们就把这些不同地区的天气所显示出的差异用天气系统进行区分。一个地区的天气一般来说是有一定规律可循的，可以根据很多年以来积累的一些经验判断这一地区的天气在最近一段时间大致会发生怎样的变化。

气象学家时刻关注目前的天气变化，特别是现在 2011 年日本地震并伴有海啸发生以后，更加促使人们关注全球的天气变化。

小书屋

钴

钴，化学符号表示为Co，在原子周期表中的位置排在第27位，是一种过渡金属，具有磁性。此外，钴对于一些尖端科学具有重要的研究价值，如医生用放射性的钴—60对癌症进行治疗。钴的主要来源是钴矿，钴矿主要为砷化物、氧化物和硫化物。

自动点火——蜡烛自明

化学趣味探索实验

◆蜡烛

每年我们过生日的时候都会吹蜡烛，你知道过生日为什么要吹蜡烛吗？有学者认为，这一做法最早源于古希腊。在古希腊，月亮女神阿尔特弥斯在人们心中占有崇高的地位，每到女神生日的时候，人们都会按照当地风俗准备一些插着蜡烛的蛋糕。他们把烛光比做月亮的清辉，以表达对月亮女神的崇拜之情。因此，古希腊人在庆贺自己的生日时，也喜欢做一个插着蜡烛的蛋糕，因为他们相信，蜡烛是月亮女神的化身，当过生日的人在心中默默许下一个心愿，并一口气吹灭所有的蜡烛时，许下的心愿就会实现。

这一习俗一直流传至今，并且被许多国家所接受。看到图中的蜡烛了吗？它们是怎么点燃的呢？用火柴或是打火机？总之都是用火点着的。要点燃一根蜡烛，除了用火还有没有其他方法呢？如果告诉你有一种化学方法可以使蜡烛自燃，你相信吗？

实验用品

木板（不要太大）、试管、镊子、滴管、二硫化碳、白磷、蜡烛、量筒。

实验步骤

1. 把一支蜡烛放在木板上点燃，过一会再把蜡烛吹灭。

2. 用量筒向试管中加 5mL 二硫化碳，再用镊子夹取一粒黄豆大小的白磷放入二硫化碳中，左右晃动试管，使白磷溶解。

3. 用滴管吸取少量白磷的二硫化碳溶液，滴到烛芯上。

实验现象

不久，你就会看到烛芯自燃起来。

◆蜡烛

原理介绍

蜡烛自明

在烛芯滴上含有白磷的二硫化碳溶液后，二硫化碳会迅速挥发掉，只剩下细小的白磷颗粒。由于白磷的着火点很低，当它与当空气接触时，很容易达到着火点并燃烧，白磷燃烧时就把烛芯点着了。

知识拓展——蜡烛

蜡烛（candle）的主要原料是石蜡，石蜡是一种复杂的高级烷烃的混合物，其包含的主要的高级烷烃有正二十二烷（$C_{22}H_{46}$）和正二十八烷（$C_{28}H_{58}$）。

一般认为，现在所使用的蜡烛起源于古人用的火把。古人把动物的脂肪或其他易燃物固定在一根木棒上，在夜间点燃进行照明，这就是最早的火把。当时的火把制作方法简单，而且所用的原料也很容易找到，所以在很长的一段时间内使用火把的人特别多。

　　随着时间的推移，火把的制作开始出现一定的变化。由于人们对火把的制作
工艺进行了改进，逐渐出现一些更容易携带、燃烧时间更长的火把，这些易于携
带的火把中就包含了一种使用蜂蜡制作的火把。由于蜂蜡是蜜蜂腹部蜡腺的分泌
物，人们就给它起了一个很好听的名字叫蜜蜡，这就是现在蜡烛的雏形。后来，
经过一系列演变，最初的火把终于变成现在我们使用的蜡烛。

化学趣味探索实验

鬼斧神工——玻璃雕花

　　读者朋友们，你见过雕花玻璃吗？其实，在玻璃上雕花是一门技术，要学习这门技术是要下一番功夫的，如果你想轻松地在一块玻璃上雕刻出一幅美丽的图案，那也不是不可能的事。化学的妙处就在于此，它可以化腐朽为神奇，化一般为奇特。下面就为大家介绍一种用化学方法进行玻璃雕花的技术。

实验用品

　　玻璃片、牙签、铅制蒸发皿、汽油、酒精灯、石蜡、氟化钙、硫酸。

◆实验器材

实验步骤

　　1. 拿一块玻璃片，在上面放一块石蜡，用酒精灯对其加热使熔化的石蜡均匀地附着在玻璃片上。待石蜡冷凝后用牙签在石蜡上画出你喜欢的图案。取铅制蒸发皿一个，倒入适量的氟化钙和硫酸，接着把涂有蜡的画面朝下放在蒸发皿上，继续加热一会儿。

　　2. 把玻璃表面的石蜡用汽油擦去，玻璃上的美丽图案就被"雕刻"出

来了。

　　整个实验过程很简单，实验原理也容易理解。在这个化学实验过程中所涉及的石蜡，在化学中也是应用广泛的一种物质。

原理介绍

玻璃雕花

　　实验中像玻璃刀一样能在玻璃上"雕刻"的物质是氢氟酸。氟化钙在遇到硫酸的时候生成氟化氢，氟化氢遇水就会形成氢氟酸，氢氟酸与石蜡不发生反应，氢氟酸有一个特殊的化学性质，就是能与二氧化硅发生化学反应，而二氧化硅是组成玻璃的主要原料。氢氟酸之所以能在玻璃上进行"雕刻"，就是因为它能与玻璃中的二氧化硅发生反应。凡是在那些用牙签画过的地方，玻璃就会裸露出来，因此，当氢氟酸遇到玻璃的时候，就会与玻璃发生二氧化硅反应，它的效果看起来就像是用玻璃刀进行过雕刻一样。

——读一读

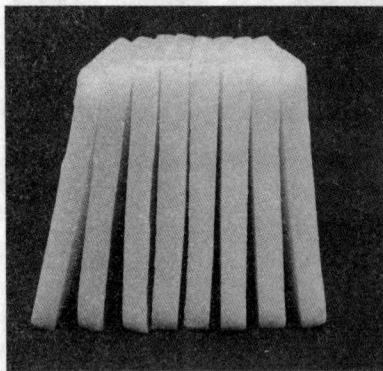

◆石蜡

石蜡就其属类而言，它既属于矿物蜡，也属于石油蜡。石蜡的主要成分是含有18～30个碳的烷烃。纯石蜡一般是白色的固体，一些含有杂质的石蜡常常带有黄色。石蜡是原油经过一系列的化学反应制得的，由于制作石蜡用的原油不同，所获得石蜡的组成会有一定的差异。石蜡有着广泛的用途，它可以用做食品、药品等的外包装，也可以用在印刷上。一些服装生产企业常常在棉纱中加入石蜡，他们正是利用了石蜡的另一特性，也就是石蜡可以使纺织品柔软、光滑而又富有弹性。另外，石蜡也是一种良好的分散剂和乳化剂。

化学趣味探索实验

做一回侦探——指纹检验

指纹是指当手触及物体时，在物体上留下的印痕，在司法中被称为指印。指纹检验是分析案情、揭露罪犯的重要手段之一。化学与指纹检验有着密切的关系。用化学方法可以让看不见的指纹清晰地呈现出来。指纹呈现的方法与指纹的类型有关。指纹类型主要有"汗液指纹"、"血指纹"、"灰尘指纹"等。这里我们给大家介绍下"汗液指纹"的检验方法——碘熏蒸法。

◆人的指纹

实验用品

试管、橡胶塞、镊子、酒精灯、剪刀、白纸、碘。

实验步骤

1. 把一张干净的白纸做成长约4cm、宽不超过试管直径的纸片，然后在上面按几个手印。

2. 把芝麻粒大小的碘放入试管中，再用镊子把按有手印的纸条悬于试管中（注意按有手印的一面不要贴在管壁上），塞上橡胶塞。

有的罪犯在犯罪之后妄图用火烫、刀割或用化学药剂腐蚀自己的指纹，然而，等伤口痊愈，指纹依旧。正因为指纹无法改变，所以它成了破案时确定罪犯的重要证据。

化学趣味探索实验

化学趣味探索实验

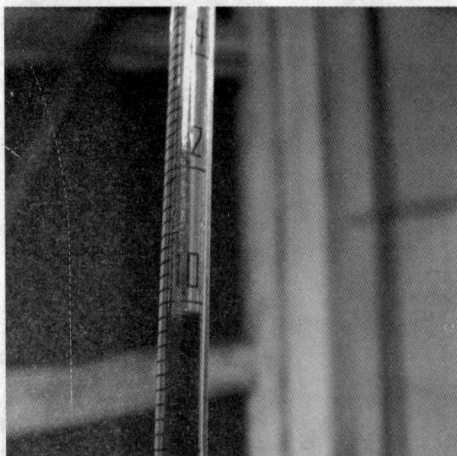

3. 把塞好橡胶塞的试管用酒精灯稍微加热一下，看到试管中产生碘蒸气后马上停止加热，观察纸条上的变化。用不了多久，纸条上就显现出清晰的指纹。

原理介绍

指纹检验原理介绍

碘受热时会升华变成碘蒸气，碘蒸气能溶解手指上的油脂等分泌物，形成棕色指纹印迹。

实验原理

◆碘酒

实验中，在白纸上用手指按一下时看不出指纹。为什么将白纸悬浮于装有碘酒的试管中加热后就能看到上面的指纹痕迹呢？我们来探寻一下这其中的原理。原来，手指上分泌有油脂，把手指摁在白纸上时，油脂会粘到白纸上。碘酒加热时挥发出碘蒸气，碘蒸汽易溶于油脂，当溶解在油脂中的碘蒸气达到一定量的时候，就会形成棕色的指纹。

你知道吗？

指纹检测仍然是当今世界各国侦破案件的重要手段之一。你知道最早开始使用指纹作为证据来侦破案件的国家是哪一个吗？据考证，最早应用指纹破案的

国家是中国，但最早提出这一论点的不是中国人自己，而是一名外国人在他的论著中提出来的。

19世纪中期，英国一位年轻的侦探来中国旅行。他看到当时的中国人在房屋买卖等一些商业活动或是一些重要的事情中都要按手印的时候，就联系到他目前正在侦破的一个案子，忽然从这小小的手印中得到了启发，他便立即结束旅行，马上返回英国，利用中国人对比手印的方法把案件顺利地侦破了。他也以此开创了以指纹作为证据进行案件侦破的先例。这一事实证明，英国人应用指纹破案是从中国人这里学去的。德国的罗伯特·汤因德在《指纹鉴定》一书中写道："中国第一个提到利用指纹作鉴定的作家是唐代的贾彦公，他的作品大约完成于公元650年，他是世界上最早指出运用指纹进行鉴定的作家。"

◆指纹识别

化学趣味探索实验

让你的衣服更干净
——干洗剂的做法

◆干洗剂

洗衣服对每个人来说都不陌生，现在一些小学生也开始自己动手洗衣服。我们一般情况下都会采用水洗的方法洗衣服，但有时候用水洗也会带来一些问题。例如，某些纤维制成的衣服在用水洗后，易造成衣服变形；羊毛材质的衣服水洗后会导致毛织物面料起球收缩，造成其表面鳞片的粘合；此外，水洗还会导致某些面料褪色，造成羊毛、毛绸的手感、颜色、光泽等变差。如果以恰当的干洗方式去洗涤这些特殊面料的服装，就可以克服以上缺点。下面我们就教大家干洗剂的制法。

实验用品

三氯乙烷、汽油、苯、油酸二乙醇酯、油溶性香料少量。

> 干洗剂都含有哪些成分？
> 又是如何制取呢？

实验步骤

1. 将上述各种实验用品分放在烧杯中，用玻璃棒将其搅拌均匀后装进一个带有密封塞的瓶中密封保存。一瓶自制的干洗剂就制作完成了。

2. 用干洗剂除去高档毛料衣服的污渍的方法是，用毛刷沾上干洗剂轻轻刷有污渍的地方，然后用一条干净的毛巾把灰尘擦去即可。

这种方法简单易行，不会对织物造成损害。

小书屋

苯

苯（Benzen）是一种碳氢化合物，在常温下是一种无色透明的液体。苯有毒，是一种致癌物质。苯也是最简单的芳烃。它难溶于水，易溶于有机溶剂，本身也可作为有机溶剂。苯是化学反应中一种基本原料。苯的产量和生产技术水平是衡量一个国家石油化工产业发展水平的标志之一。苯具有的环叫苯（芳）环，苯是最简单的芳环化合物，它具有强烈的芳香气味。

知识拓展——干洗剂的过去与现在

干洗剂的发明可以追溯到 20 世纪 40 年代。从最初的苯（C_6H_6）和石油溶剂发展到后来的四氯化碳（CCL_4），到 20 世纪 70 年代，四氯化碳又被三氯乙烯（C_2HCL_3）所代替，现在使用的干洗剂是在三氯乙烯的基础上又加以改进的全氯乙烯（C_2CL_4）。

几种干洗剂一些性质的比较：

全氯乙烯与石油溶剂在技术特性上有很大区别：

1. 四氯乙烯的密度大于水，加入水中时，沉在水下，很容易与水分离。而石油溶剂的密度却比水小，当把石油溶剂加入水中时，它会浮在水面上，因此，很难对其进行分离。

◆干洗衣物

2. 干洗剂在使用的时候一般是一种液态—气态—液态的循环利用过程，从这一特性来说，由于四氯乙烯沸点低，易蒸馏，使用起来更为方便；而石油溶剂的沸点较高，难蒸馏，在使用石油溶剂作为干洗剂的时候，对干洗机的要求相对

较高。

3. 闪点（闪点是挥发性液体的气雾被火花点燃的最低温度）是衡量干洗剂性能的一个重要指标。从闪点的方面看，由于石油溶剂能够发生燃烧的最低温度在38℃。因此，用石油溶剂进行干洗时要注意安全。而四氯乙烯则没有闪点，也不燃烧，这要比用石油溶剂安全很多。

4. 四氯乙烯的表面张力大于石油溶剂，表面张力大的液体能很快润湿衣物并能很容易地将污渍从织物中分解出来。

化学趣味探索实验

像铁丝般的棉线
——烧不断的棉线

　　我们都知道，棉线是很容易被火烧断的，因此，我们在使用棉线的时候要远离火源。但是，在特殊情况下，如果我们非得要在火源边上使用棉线，该怎么办呢？你只要学好下面的实验，这个问题就会迎刃而解。

　　我们只要对棉线作一些简单的处理，普通的棉线就会变成一根烧不断的神奇棉线。

实验原理

　　这是因为我们烧的这根棉线中充满了食盐晶体，当棉线点燃后，组成棉线的纤维虽然已经被烧掉，但熔点高达 800℃ 的食盐却没有受到影响，所以仍能保持棉线原有的形状。

实验用品

　　棉线、铁丝、火柴、燃烧匙、蜡烛、木夹子、食盐。

◆一存放棉纱的仓库着火

◆实验用品示例

化学趣味探索实验

实验步骤

1. 首先，持续地把食盐加入一杯水中，并不断搅拌，直到食盐不能再溶解为止。取一根长约 50cm 的棉线，将棉线浸没在浓盐水中约 10 分钟，然后将棉线取出来晾干。把晾干的棉线再次浸入浓盐水中，然后再取出晾干，如此重复多次。

◆棉线燃烧

2. 把这条经过特殊处理的棉线一头系在铁丝上，在棉线的另一头绑上一个小铁钉。用燃着的蜡烛去点棉线的下端。只见火焰慢慢地向上燃烧，一直燃到铁丝后熄灭，棉线被烧成黑色，但仍保持棉线的形状没有烧断，小铁钉还挂在那里。

实验注意事项

1. 实验中用的小铁钉不要太大。

2. 点燃后不要剧烈抖动棉线，防止因抖动而使棉线断开。

3. 做实验时一定要仔细，注意安全。

化学趣味探索实验

知识拓展——燃烧匙

　　燃烧匙，顾名思义就是燃烧用的小匙，实验室用的燃烧匙是由铁丝和铜质小勺铆合而成的，用于盛放可燃性固体物质做燃烧实验，比如一些物质在氧气中的燃烧反应。如果在使用燃烧匙进行燃烧反应时，一些能和铁、铜直接或者在加热的情况下发生反应的物质不能直接放在燃烧匙里进行反应，应在燃烧匙的底部盛放一层细沙。

　　燃烧匙是能够直接放在加热源（酒精灯）上进行加热的实验器材。我们知道，实验室中很多的实验器材是不可以直接放在酒精灯上进行加热的，譬如烧杯和量筒，这些不能直接放在酒精灯上加热的仪器在加热的时候，必须在仪器的下方垫一层石棉网，这样做的目的是保护这些不能直接加热的仪器不破裂。

化学趣味探索实验

喜庆的爆竹——鸣炮庆祝

◆鞭炮

鞭炮的历史与"年"有着密切的关系。"年"是古时候的一种凶猛怪兽，每到腊月三十，"年"便窜到村中，觅食人肉，伤害牲畜。相传有一次，"年"到了一个村庄后，正巧碰上两个放牛娃在比赛甩鞭子。"年"被啪啪的鞭声吓得落荒而逃。接着它又转到了另一个村庄，结果正好赶上一家豆腐坊开业，它看到挂在豆腐坊前的鞭炮，不知是何物，又吓得赶紧调头逃跑了。人们由此摸准了"年"的弱点，找到了驱赶它的办法，并逐渐演化为放鞭炮的风俗。现在，就给大家展示一种实验室制作鞭炮的方法。

实验用品

研钵、表面皿、滴管、玻璃棒、天平、氯酸钾、红磷、酒精、浆糊。

实验步骤

1. 用天平称取 1g 氯酸钾，用研钵把称好的样品研碎，倒在表面皿上。

2. 称取 0.3g 红磷放在研细的氯酸钾粉末旁，用滴管分别向两种药品上滴

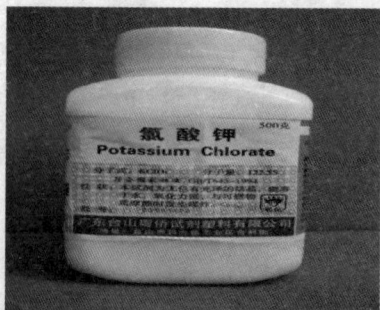

◆氯酸钾

加少量酒精，然后用玻璃棒将它们搅拌均匀，并分成三等份。

3. 把蒸发皿放在通风的地方进行干燥，等混合好的样品完全干燥后分别用纸包紧粘牢。

试验鞭炮的效果时，把纸包用力朝水泥地或砖头上摔，就会听到像真正的鞭炮燃放时发出的响声。

知识库——鞭炮的发明

关于鞭炮，不少书中都有详细的介绍，它原来是人们用来避邪祛灾的。《荆楚岁时记》中载："正月一日，是三元之日也，春秋谓之端日，鸡鸣而起，先于庭前爆竹以辟山魈恶鬼。人尝以竹着火中，爆而出，臊皆惊惮。犯之令人寒热。此虽人形而变化，然亦鬼魅之类，今所在山中皆有之。"后代人以讹传讹，于是，爆竹便具有了避邪祛灾的功能。不过，随着愚昧意识逐渐淡化，放爆竹这一民俗已经很少有驱鬼的成分，而仅仅是为节日增添欢乐气氛罢了。伴随着现代文明的浸染，许多大中小城市都开始在节日禁止燃放鞭炮了。

化学趣味探索实验

夏天的享受——自制汽水

◆碳酸饮料

化学趣味探索实验

在炎热的夏天，当头顶着烈日刻苦学习或在辛苦工作的时候，你是否渴望一杯清凉的饮料呢？

要是能喝上一瓶汽水就会顿感神清气爽，学习或是工作起来就会更加起劲。

也许你只是知道饮料好喝，特别是在口渴的时候，那你知道汽水是怎么制成的吗？

下面我们就利用化学的知识自己制一瓶饮料。

实验用品

白开水、白糖、香精、碳酸氢钠、柠檬酸、天平。

实验步骤

1. 取一个用过的汽水瓶，把它洗干净。

2. 向干净的瓶中加入占瓶子体积80%的凉开水。

3. 加入少量白糖及少量果味的香精。

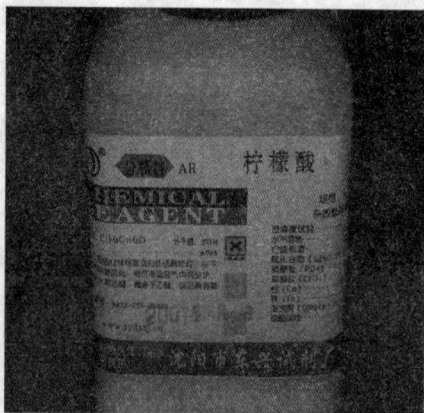

◆柠檬酸

4. 把事先称好的 2g 碳酸氢钠加入瓶中，搅拌溶解后，再迅速加入 2g 柠檬酸。

5. 立即将瓶盖压紧，使产生的气体尽量多地溶解在瓶子里的溶液中。

6. 把瓶子放在冰箱中冷却一段时间，取出后，就可以喝到清凉的自制饮料了。

小资料——了解汽水

　　汽水是由纯净水经过煮沸、紫外线照射杀菌后，再溶解一定量的二氧化碳而制成的饮料，属于碳酸饮料。工厂中生产大批量的的汽水一般是通过用特殊装置加压的方法，把二氧化碳气体溶解在水里。水中溶解的二氧化碳越多，制造出来的汽水的口感就越好。市场上销售的汽水中，二氧化碳的含量大约是水的 1～4.5 倍。为了增加汽水的口感，一些汽水中除含二氧化碳外，还加入适量白糖、果汁等调味剂。夏天喝了这种含有二氧化碳的饮料后，二氧化碳从体内排出，能够带走人体内的一些热量，因此，喝这种含有二氧化碳的汽水不仅能解渴还能起到降温的作用。现在，喜欢喝汽水的人越来越多，一些人尤其喜欢喝冰镇汽水，因为汽水里面含有更多的二氧化碳，能带走更多的热量，冰镇汽水给人的感觉更清凉。但切忌不要过多饮用冰镇汽水，以免对肠胃产生强烈的冷刺激，引起胃痉挛等肠胃不适的症状。

香料的制作——合成香精

◆杂果香精

◆淡香精

化学趣味探索实验

合成香精是指那些由人工合成的、具有水果和天然香料气味的物质。它是一种人造香料，多用于食品和化妆品等。

很久以前，人们就懂得用蒸馏、或直接榨取的方法从一些植物的花、果实中提取出含有特殊香味的物质，这类物质被大量地用来制作护肤、护发或食品的添加剂。

由于天然物质来源有限，科学家从很早就开始对各种人造香精的研究。在各种香精中，酯类占据大多数。合成香精的原料是羧酸和醇，如薄荷香精主要成分是苯甲酸乙酯，是由乙醇和苯甲酸在浓硫酸作催化剂的条件下发生化学反应制得的：

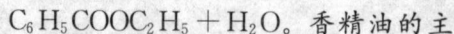

$$C_6H_5COOH + C_2H_5OH \longrightarrow C_6H_5COOC_2H_5 + H_2O$$

香精油的主要成分是乙酸异戊酯，是由乙酸和异戊醇在催化剂浓硫酸的催化下反应制得的：

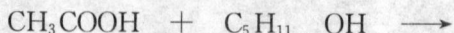

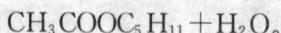

$$CH_3COOH + C_5H_{11}OH \longrightarrow CH_3COOC_5H_{11} + H_2O$$

实验用品

烧杯、恒温水浴锅、量筒、分液漏斗、乙酸、异戊醇、浓硫酸、苯甲酸、无水乙醇。

实验步骤

1. 薄荷香精的制备

用量筒量取 30mL 无水乙醇，用天平称取 10g 苯甲酸，放入烧杯中，再加入 5mL 浓硫酸，混合均匀，置于恒温水浴锅内加热 15 分钟后冷却，冷却后加入适量的水，把烧杯中的溶液移入分液漏斗中，静置分层，油层即为苯甲酸乙酯，也就是薄荷香精。

2. 梨香精油的合成

用量筒量取 10mL 无水乙醇和 15mL 异戊醇注入烧杯中，再加入少量

◆玫瑰油

浓硫酸，混合均匀，置于恒温水浴锅内加热 10 分钟后冷却，冷却之后再加入一定量的的水，移入分液漏斗中，静置分层，油层即为乙酸异戊酯。也就是通常所说的梨香精油。

广角镜——认识香精油

香精油是日常生活中的必备用品，具有美容、保健等一系列功效。常见的香精油有薄荷油、茉莉花油、玫瑰油等。薄荷油可消除恶心、紧张和紧张性头痛，还可退热、驱除蚊虫。儿童闻香后会备感轻松。

茉莉花油有抚慰、镇痛作用。

玫瑰油有抚慰和松弛作用。

化学趣味探索实验

◆留兰香油

化学趣味探索实验

岩玫瑰油（岩蔷薇油）有安神镇静作用。

檀香油有松弛、镇静作用，可抗焦虑、抑郁和神经紧张，止头痛。

依兰油可调整和平衡机体功能，有抚慰、平静和松弛作用，可消除紧张，止痛，改善睡眠，治疗高血压，也可振奋精神，抗抑郁，恢复和增强信心。

红橘油（福橘油）可振奋精神，令人欣快，还有助于消化。

含羞草油可助消化，治呼吸道疾病，也有助于恢复青春，延缓衰老。

茶油可治粉刺，也可退热。

按油有镇静、松弛作用，可止头痛，还能有效缓解充血和呼吸道疾病（包括伤风感冒）。

老鹳草油可抗疲劳和缓解精神创伤，也可驱蚊。

鼠尾草油（香紫苏油、南欧丹参油）可祛风止痛、健胃，抗菌消炎，强心，抗惊厥，通经，也可治疗呼吸道疾病和风湿痛。

最长的"打火机"
——玻璃棒点燃冰块

通常情况下，冰块遇到火可谓"两败俱伤"，冰块不能保持原形，火的嚣张气焰也会被压下来。而在我们的化学实验中，这一格局将会被扭转。水火可以共存，友好相处，你想体验这一场景吗？玻璃棒能点燃冰块，不用火柴和打火机，只要用玻璃棒轻轻一点，冰块就能立刻燃烧起来，而且经久不熄。如果你有兴趣，可以做个实验看看。

◆冰块

实验原理

冰块上的电石（又叫碳化钙）和冰表面上少量的水发生反应，这种反应生成的电石气（化学名称叫乙炔）是易燃气体。由于浓硫酸和高锰酸钾都是强氧化剂，能把电石气氧化并且立刻达到它的燃点，使电石气燃烧。另外，由于水和电石反应是放热反应，加之电石气的燃烧放热，放出的热量使冰块融化生成的水越来越多，从而使电石的反应愈加迅速，电石气产生的也越来越多，火也就越烧越旺。

实验用品

研钵、表面皿、高锰酸钾、浓硫酸、电石、冰块。

实验步骤

1. 在一个研钵中，放 1~2 小粒高锰酸钾。

2. 研成粉末后转移到表面皿中，然后滴几滴浓硫酸。

3. 用玻璃棒把它们搅拌均匀，用玻璃棒蘸取少量搅拌均匀后的混合物，这时的玻璃棒就像一个打火机一样，可以点燃冰块。

4. 把一小块电石放在冰块上，然后用玻璃棒跟冰块轻轻地接触一下，你会发现冰块马上产生出火焰，并燃烧起来。

小书屋

高锰酸钾晶体

高锰酸钾是一种常见的氧化剂，常温下为紫黑色颗粒晶体，见光易分解，故需避光保存于阴凉处，严禁与易燃物及金属粉末同放。

高锰酸钾是以二氧化锰为原料制取的，有广泛的用途，在工业上能用做消毒剂、漂白剂；在实验室中，高锰酸钾因氧化性强和溶液颜色鲜艳而被用于物质的鉴定；另外，酸性高锰酸钾溶液还是氧化还原滴定的重要试剂。

小资料——未来新能源

可燃冰又称为"天然气水合物"，是天然气在 0℃和 30 个大气压的作用下结晶而成的"冰块"。"冰块"里含有大量的甲烷，甲烷是一种易燃气体，燃烧后几乎不产生污染物，污染要比煤、石油、天然气小得多。西方学者把可燃冰称为"21 世纪能源"或"新能源"。海底蕴藏有丰富的可燃冰资源，据科学家估计，海底可燃冰的分布范围约占海洋总面积的 10%。海底可燃冰的储量可以保证人

类在未来的 1000 年中不必担心因能源的枯竭对生活造成影响。随着研究和勘测调查的深入，世界海洋中发现的可燃冰逐渐增加，从 1993 年的 57 处增加到 2001 年的 88 处。美国科学家发现，在美国东南海岸可燃冰储量高达 180 亿吨，可供美国人使用 100 年。日本周围的海底也储藏有大量的可燃冰。据专家估计，全世界的石油用不到 100 年就会消耗完，到那时，可燃冰对人类的作用就会更加重要。可燃冰的发现，让陷入能源危机的人类看到了新的希望。

◆冰块着火

知识拓展——电石

　　电石的化学名称为碳化钙，属于无机化合物的范畴，分子式为 CaC_2，是化学工业中的基本原料，被广泛应用于有机合成中。利用电石为原料可以合成一系列的有机化合物，为工业、农业、医药提供原料。工业电石除了含有碳化钙外，还含有游离的氧化钙、碳以及硅、镁、铝的化合物及少量的磷化物、硫化物等。

　　工业用电石的纯度大约为 70%，其中，氧化钙杂质约占 24%，其他杂质约占 6%。电石断面有光泽，颜色与其含有碳化钙的多少有很大关系。电石中碳化钙含量的不同会使电石呈现出不同的颜色，如灰色、棕色、紫色或黑色。常见的电石呈紫色，这种颜色的电石的碳化钙含量很高。

　　电石的化学性质非常活泼，电石遇到水会发生剧烈的化学反应，生成乙炔气和氢氧化钙，并放出大量的热。

探索篇

小小消防员——灭火器的制作

相信大家对灭火器都不陌生，有些人甚至使用过灭火器。当发生火灾的时候，人们使用灭火器能及时把火情控制住，避免造成更大的经济损失和人员伤亡。你可能很熟悉灭火器的外观，可是你知道灭火器灭火的原理吗？我们使用的灭火器大部分是二氧化碳灭火器，因为二氧化碳不支持燃烧，所以可以它用来灭火。那么，二氧化碳灭火器是如何制作的呢？

下面的这个小实验可以帮助你把上面的问题弄清楚！

◆常用灭火器

化学趣味探索实验

实验用品

碳酸氢钠粉末、盐酸、家用洗涤剂。

实验步骤

1. 找一个大饮料瓶安装上一个单孔胶塞，并插上玻璃管。

2. 向瓶中加入少量碳酸氢钠溶液，取一支直径比瓶口小的试管，装上盐酸后（盐酸中最好放点洗涤剂），将试管缓慢放

你知道灭火器有哪几类吗？各类灭火器的原理是怎样的？

入瓶中，保持试管口朝上，塞上插有玻璃管的胶塞。

一个简单的灭火器就制作好了。

实验注意事项

使用灭火器时，只要将瓶子倒转并将瓶口指向火焰就可以了。切记，不要把瓶口对着别人或自己！

 链接——灭火器

◆灭火器

日常生活中常见的灭火器有很多种，既有手提式的灭火器，也有推车式的灭火器。按灭火器中的化学成分可以分为酸碱式灭火器、泡沫式灭火器、二氧化碳灭火器、四氯化碳灭火器等。由于这几种灭火器的灭火原理各不相同，因此，它们的使用对象和使用的场合也各不相同。

这里我们简单地介绍一下酸碱式灭火器和泡沫式灭火器。从酸碱式灭火器的名称中我们就可以知道里面装的是酸和碱，一般酸为 H_2SO_4，碱为 $NaHCO_3$，这种灭火器对非油类一般火灾的扑灭效果很好，却不适用于氯化钠、镁、电石等失火。

泡沫式灭火器的主要成分为 $Al_2(SN_4)_3$ 和 $NaHCO_3$，对于油类及一些易燃液体失火使用泡沫式灭火器尤为见效，但是，它对一些易溶于水的有机液体的失火却无能为力，如甲醇、乙醇等有机溶液失火。

化学趣味探索实验

新型的光源——瞬间照明

在发明电灯以前，煤气灯和煤油灯是人们广泛使用的照明工具。这些照明工具因使用煤油或煤气，使用时有浓烈的黑烟，并且需要经常添加燃料、擦洗灯罩，使用很不方便。更严重的是，这种灯很容易引起火灾，酿成大祸。鉴于此，科学家们绞尽脑汁，想发明一种既安全又方便的灯。有这样的灯吗？

发电时要耗费很多的能源。面临能源紧缺问题，有没有不用电就能照明的灯呢？这里我们就给大家介绍一种不用电的灯。

◆电灯泡

实验原理

浓硫酸具有强氧化性。镁条极易被氧化，燃点低。当镁条遇到浓硫酸后，立刻被浓硫酸氧化，此过程是剧烈的放热过程。当温度上升到镁的燃点时，镁条就开始燃烧，并发出强烈的光，这样，瞬间灯就亮起来了。反应方程式如下：

$$Mg + 2H_2SO_4 \text{（浓）} \longrightarrow MgSO_4 + SO_2 + 2H_2O$$

◆金属镁

化学趣味探索实验

实验用品

锥形瓶、镁条、浓硫酸。

实验步骤

在锥形瓶中放入几段镁条，然后向锥形瓶中小心地倒入少量浓硫酸。

实验现象

镁条会在瞬间燃烧，并且放出大量的热，并发出耀眼的强光。

化
学
趣
味
探
索
实
验

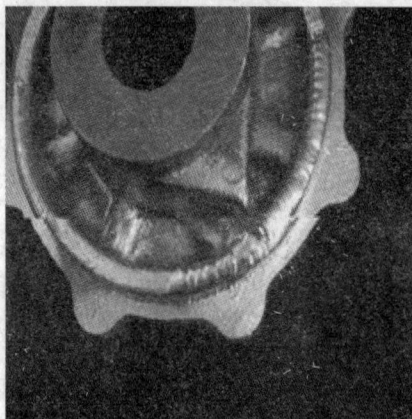

知识拓展——镁的用途

◆镁合金飞机构件

镁经常被用做还原剂，用来置换元素周期表中排在镁后面的金属。镁的最主要的用途是制造各种金属合金和格氏试剂。镁也能用于制作烟火、闪光粉、照明弹等。镁的化学性质和金属铝相近，都具有轻金属的典型特征。但是，镁的燃点很低，这在很大程度上限制了它的应用。

镁是其他合金（特别是铝合金）的主要组成部分，合金中掺入镁之后能增大合金的机械强度，从而扩大合金的使用范围；镁还可作为球化剂应用于球墨铸铁的生产中；有些金属（如钛和锆）的生产是主要是用镁作还原剂；镁是生产氢氧化镁的主要原料，氢氧化镁是传统的阻燃剂；镁粉可用做化工方面的填充料；核工业上，镁主要是用来生产一些结构材料和包装材料；在农业生产方面镁也发挥着非常重要的作用，镁肥能促进植物对磷的吸收利用，植物缺镁会使其生长趋于停滞的状态。

历史财富——爱迪生发明电灯

人类在征服黑暗的过程中最伟大的发明要数电灯。电灯的发明要感谢伟大的发明家爱迪生。爱迪生的童年并不像现在很多的小朋友一样时时有家长的关爱，爱迪生没有读完小学就辍学了，小小年纪靠在火车上卖报来维持生活。即使生活这么困难，但爱迪生却非常勤奋，他特别喜欢做实验，尤其是对电器特别感兴趣。在法拉第发明电机后，爱迪生就立志发明一种可以给人类带来光明的东西，即电灯。

◆电灯

爱迪生在发明电灯的过程中首先认真总结了前人制造电灯的各种失败教训，结合自己的实际情况制订了详细的试验计划，爱迪生重点在两方面进行试验：一是分类试验各种耐热材料；二是提高灯泡内的真空度。在进行这两项试验的同时，他还对当时的发电机和电路系统等进行了较系统的研究改进。最后，在经过大量试验和异常艰辛的努力之后，爱迪生终于发明了电灯。

化学趣味探索实验

化
学
趣
味
探
索
实
验

武器制备——自制地雷

◆地雷战中伪军在偷地雷（影视截图）

地雷在我国约有 500 多年的历史了。每当我们一听见地雷这个词的时候就会有种闻虎而色变的感觉。地雷是威力比较大的一种古代火器。在电影《地雷战》中，抗日战争时期，解放区、游击区的军民在艰苦的条件下抗击日本侵略者，地雷不够用，就自己动手制造各种自制地雷。村中的老人到现在还清楚地记得配制火药的方法，"一硫二硝三木炭"。

地雷在抗日战争中发挥了非常重要的作用，在抵御日寇的扫荡时，炸得日本鬼子人仰马翻，失魂落魄。使得这一古老的火器重显威力。地雷战是抗日战争时期中国山东民兵最重要的作战方法之一，地雷也成为当时最重要的作战武器。

在这个实验中我们将为你介绍一种爆炸威力虽然比上面的地雷小，但制作工艺却简单很多的小"地雷"——碘化氮的制作方法。读者朋友们在学会了这个实验以后，可以加深对我们古老的中国文明的理解。

实验用品

大烧杯、长颈漏斗、滤纸、量筒、药匙、托盘天平、玻璃棒、氨水、碘。

实验步骤

1. 称取 3g 碘研磨成粉末放置于 1000ml 烧杯中，加入 80ml 氨水，用玻璃棒进行搅拌，使碘与氨水充分混合反应。反应 5 分钟后过滤，过滤时要尽量小心以避免不溶物聚集在滤纸中央。

2. 过滤完以后，把滤瓶中的滤液倒回原烧杯中，使未反应完全的碘与氨水进一步反应，反应一段时间后再过滤。

3. 重复以上过程或另外向烧杯中加适量氨水，直到碘与氨水完全反应。最后，将过滤后的固体（碘化氮），移至滤纸上，平辅在一块木板上。这样，"地雷"就制成了。用木条将滤纸上的滤粉撒到光洁的地面上，晾 1 小时，待晾干后即可进行踩踏实验。当脚踩到该药品时，会发出清脆的爆炸声，并且随着脚步的移动这种爆炸声将持续不断，致使踩踏者不知如何是好，犹如身陷地雷阵似的。

实验注意事项

1. 碘化氮易产生分解，分解后极易发生爆炸，在制备碘化氮以及

◆把做好的滤粉撒到光洁的地面

◆长颈漏斗

用碘化氮进行实验时，都必须十分小心，而且不可多制，并且制备的碘化氮必须一次用尽。

化学趣味探索实验

2. 干燥的碘化氮容易发生爆炸，制备好样品后进行测验的时候，一定要在样品湿润时进行，否则，在安置过程中就会分解爆炸，那就是"炸弹"，而不是"地雷"了。

轻松一刻

◆地雷

地雷是一种爆炸性武器，通常情况下埋置在地面以下，主要用于构成地雷场，阻挡敌人的进攻，它还可以摧毁敌人的交通工具，破坏敌人的技术装备。

地雷一般是由雷体和引线两大部分组成。雷体包括雷壳和火药两部分。也有一些地雷没有设置雷壳，有的地雷装有使敌方难以取出的装置或难以使其失效的反拆装置，或是定时自爆的装置等。

地雷的爆炸原理一般是利用外物的触压启动引信，使得地雷内部的火药发生剧烈的反应而爆炸。也有用绳索、有线电、无线电等手段操控地雷定时爆炸的。

目前，我们国家生产的地雷可以分为很多种，有防步兵地雷、防坦克地雷等等。其中一些地雷更显示出一定的人工智能化，遥遥领先于世界上其他国家。

"白"与"红"的转变
——红糖变白糖

生活中常见的糖有红糖和白糖两种，白糖是在红糖的基础上加工制得的。红糖与白糖的区别，主要是两者的生产方法不同、所含营养成分也不一样。红糖大部分是用土法生产的，而白糖则大部分是用机器生产的。在营养品质上，红糖杂质多，甜度低；白糖纯净，甜度高。红糖在药用上胜过白糖，红糖内含有较多的葡萄糖，能直接被机体吸收；红糖还含有丰富的铁质。但是红糖没有白糖好吃，当你想吃白糖而你身边只有红糖时，怎么办呢？

◆白糖

化学趣味探索实验

实验用品

红糖、活性碳、蒸馏水、烧杯、酒精灯、玻璃棒、量筒。

实验步骤

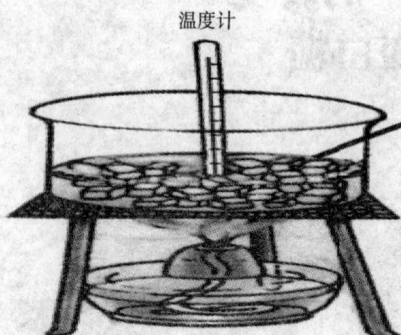

温度计

◆实验示意图

化学趣味探索实验

1. 将 30mL 蒸馏水倒入烧杯中使 10g 红糖溶解，再加入 1g 活性炭，并不断用玻璃棒搅拌，随后把烧杯中溶液过滤，如果滤液的颜色变为黄色，应再加入少量的活性炭，直到滤液颜色为无色。

2. 把无色的滤液倒入小烧杯中，利用水浴法对其进行加热浓缩。当溶液体积只剩下原来的 1/5 时，停止加热。取出烧杯，让其自然冷却，这时会看到有白糖析出。

现在我们知道，红糖和白糖的区别主要是颜色不同而已，用红糖制白糖也不是多么困难的事，今后，我们自己就可以用红糖来制取白糖了。

小书屋

活性炭

活性炭是一种由碳、氧、氢等元素组成的黑色粉末状或颗粒状的无定形碳。由于活性炭中含有大量的细孔，这些小孔具有很强的吸附能力，因此活性炭可以作为一种优良的吸附剂。现在很多冰箱中用的除味剂就是用活性炭制作的。

小贴士——红糖的功效

红糖有很多的优点，比如广为人知的就是关于它"温而补之，温而通之，温而散之"的功效，也就是人们平时所说的红糖能补血。红糖含有大量的葡萄糖，葡萄糖在人体内易吸收，释放能量快，可以快速补充体力，开运动会时准备一些红糖水是非常有利于运动员补充体力的。现在的中医认为，红糖不仅有补血、补充体力的功效，红糖还有利尿、生发、润肺、排毒养颜等功效。现在人的工作压力越来越大，时刻处在高度紧张的精神状态，这很容易造成头发脱落，饮用适量的红糖水可以起到舒缓压力、治疗脱发的作用。现代的科学家也发现，红糖含有的一种多糖具有抗氧化的功能，这种多糖能加快人体内的新陈代谢，有助于延缓衰老。

化学趣味探索实验

涂鸦鸡蛋——蛋白留痕

化学趣味探索实验

◆鸡蛋图片

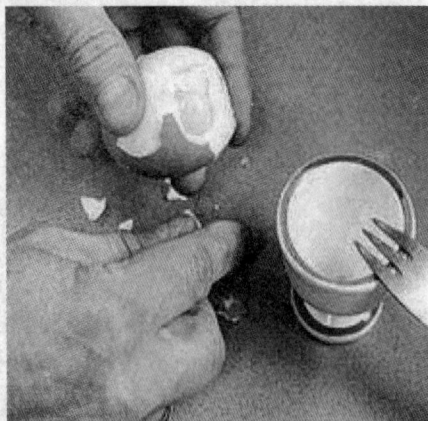

◆实验示意图

在鸡蛋外壳上写字，字可以"跑"到蛋白上面，蛋壳上的痕迹却消失了。在不破坏蛋白的情况下怎样在鸡蛋的蛋白上留下痕迹呢？你说怪不怪？如果有兴趣，你可以跟我们一起做一做这个小试验。

实验原理

蛋白的主要成分是氨基酸，氨基酸在酸性条件下会发生水解，生成多肽等物质，字体颜色是因为生成的多肽物质中的肽键遇到硫酸铜溶液中的 Cu^{2+} 后发生络合反应，生成蓝色或者紫色的络合物。

实验用品

生鸡蛋一枚、毛笔、醋酸、硫酸铜溶液

实验步骤

1. 取一枚洗干净的鸡蛋，晾干后，用毛笔蘸少量醋酸，在蛋壳上写几个字，然后把写有字的鸡蛋放置在通风处使蛋壳上的醋酸挥发掉。

2. 醋酸完全挥发后，把鸡蛋放入盛有硫酸铜溶液的烧杯中加热，大约15分钟后停止加热，取出鸡蛋让其自然冷却。

3. 待鸡蛋冷却以后剥去蛋壳，这时候观察鸡蛋就会发现蛋白上出现了蓝色或紫色的清晰字迹，而这些字正是你写在鸡蛋蛋壳外面的字。同时，你还会发现，鸡蛋外壳依然完好，但是上面的字消失了。

知识拓展——鸡蛋小贴士

鸡蛋富含蛋白质，这种蛋白质属于优质蛋白，常被用做衡量其他蛋白质质量好坏的标准。鸡蛋中还富含维生素、矿物质和人体所需的各种氨基酸、脂肪等，这些营养物质的比例与人体很接近，人体对它的利用率可达90％以上。鸡蛋蛋黄中特有的卵磷脂、甘油三酯、胆固醇和卵黄素等营养物质对人体的神经系统起着重要作用。

鸡蛋中的卵磷脂被人体消化后可释放出一种叫胆碱的物质，胆碱对大脑的正常运行有着非常重要的作用。当胆碱通过血液循环到达大脑，可以改善人的记忆力，减缓老人智力衰退，预防老年痴呆的发生。可以说，除母乳外，几乎没有一种食品可以与鸡蛋相媲美。

化
学
趣
味
探
索
实
验

随时看自己喜欢的流星
——飞舞的流星雨

化学趣味探索实验

◆流星雨

◆流星

流星是指星际空间的尘埃和固体以很高的速度进入地球大气圈后同大气层摩擦而产生的光迹。

流星在星际空间中是围绕太阳运动的，在运动到地球附近的时候，它们中的一些会因为地球引力的作用而改变原来运行的轨道，进入地球大气层。这些流星由于受到地球大气的摩擦会发出明亮的光迹，并最终会降落到地面上。当它们落到地面后就称为"陨星"或"陨石"。

流星其实是离地球较远的星体所释放出来的尘埃，有时还会有相对较大的石块落到地球上。流星在到达地球大气层的时候，会被地球的磁场所吸引，从而与大气摩擦，产生大量的热，从而形成"流星"。流星雨是很多流星一起出现在夜空中时所形成的特殊现象，一般很少见。

关于流星雨的记载，《竹书纪年》中就有"夏帝癸十五年，夜中星陨如雨"。很多星座都有自己的流星雨，比如狮子座流星雨、双子座流星雨、天琴座流星雨、猎户座流星雨等等。但不论是哪一个星座的流星雨，都是很长时间才会出现一次的奇观。

流星雨出现的时候一般不会发出能让人听见的声音，如果你没有注意，它就会悄无声息地一划而过。有一种非常亮的流星，在夜空中出现的时候可能会发出声音，这些声音主要集中在低频波段。

人一生之中也很难见上一次流星雨的奇观，不过，现在我们可以在实验室中人工模拟流星雨。

实验用品

矿泉水瓶、酒精灯、托盘天平、胆矾粉末、镁粉、铁粉、针、表面皿。

实验步骤

1. 用托盘天平分别称取 2g 胆矾粉末、2g 镁粉和 2g 铁粉。

2. 把称好的胆矾、镁粉和铁粉先在表面皿中混和均匀，然后再装入一矿泉水瓶中。

3. 在矿泉水瓶底部用针扎一些小孔。

4. 把矿泉水瓶放在酒精灯火焰的上方，边加热边轻轻地拍打塑料瓶。这时观察实验现象。

实验现象

矿泉水瓶里的粉末从瓶底的小孔中洒落在酒精灯的火焰上方的时候，火焰呈绿色。在绿色火焰的上方，飞舞着红色和白色的星光，场面十分壮观，就像流星雨出现一样。

◆托盘天平

小 书 屋

胆矾

　　胆矾（Chalcanthite）的化学名称为五水硫酸铜，呈蓝色，所以也被称为蓝矾。虽然胆矾的名称很复杂，但它却是一种纯净物。

知识拓展——流星趣事

　　绝大多数可见的流星距离观测者都在 200 千米以内。

　　流星在高度为 90 千米时我们用肉眼就能看见。

　　流星在抵达大约 80 千米的高度时会被完全烧毁。

　　流星体进入大气层的速度在每小时 40,000～265,000 千米之间。

　　现在地面上发现的陨石大部分都不能准确地判断是来自哪一个星球。

　　每天都有大量的流星进入地球大气层，这些流星总质量据估计大约在 90～900 吨之间。

水火"一家亲"——水火相容

《汉书·郊祀志下》载："《易》有八卦，乾坤六子，水火不相逮，雷风不相悖，山泽通气，然后能变化，既成万物也。"说的就是水火不相容，但是我们在看一些魔术师表演的时候，往往能看到水中燃火的景象。比如左图就是一位魔术师表演的水火交融的效果图。

看到这里大家也许会想：难道我们以前所学的知识错了吗？其实不然，如果大家想了解其中的奥秘，就请接着往下读吧。

自然界中存在着这样一些化学

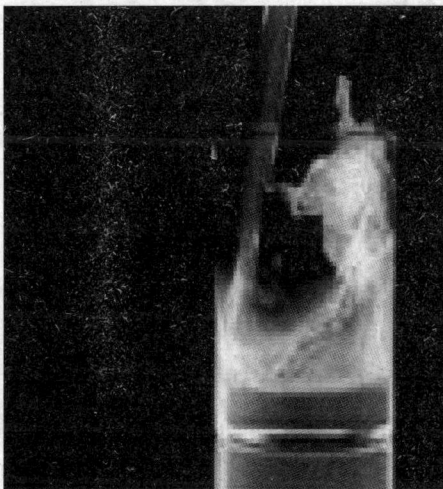

◆火在水中烧

物质，可以与水发生强烈的化学作用，当把它们放进水中的时候，发生强烈的化学反应并放出大量的热，从而导致其发生燃烧。下面我们来看一个具体的化学实验。

实验用品

烧杯、镊子、移液管、白磷、氯酸钾。

实验步骤

1. 向烧杯中加入大半杯水。

2. 把少量氯酸钾晶体放入烧杯中，用镊子夹取几粒蚕豆大小的白磷放

化学趣味探索实验

在烧杯中的氯酸钾晶体上。

实验现象：

这时我们看到的现象就是火在水中燃烧，也就是前面那幅水火交融的景象。

原理介绍

水火相容

白磷是极易燃烧的物质，在水中放进氯酸钾和白磷后，因为水里没有氧气所以白磷不会燃烧，而氯酸钾是含氧的化合物，当加进浓硫酸后，浓硫酸与氯酸钾发生反应，生成氯酸，氯酸不稳定，放出氧气。氧气又与白磷起反应而燃烧。这个反应很剧烈，因此在水里也能进行，使得水火同处在一个杯中。

小书屋

氯酸钾

英文名称：Potassium Chlorate
物理颜色：白色，俗称白药粉
分子式：$KClO_3$；分子量：122.55
构成元素：K、Cl、O
溶解度：7.4g（20℃）

知识拓展——"鬼火"的传说——白磷

在夏天的夜晚，如果你耐心地观察野外那些坟墓较多的地方，会发现有忽隐忽现的蓝光。这就是人们所说的："死者的阴魂"，也就是人们常说的"鬼火"。有的人还说，如果有人从那里经过，那些"鬼火"还会跟着人走呢。当我们掌握了大量的化学知识后就会知道，其实，"鬼火"就是"磷火"，通常会在阴雨的天气里出现在野外的坟墓周围。不过，它偶尔也会在城市出现，但原因未知。人的骨头含有磷，当磷遇到水或碱时会生成磷化氢，磷化氢重量轻，是一种可以自燃的气体。风一吹，它就会随风飘动，人走路的时候也会带动它跟在后面移动，这时候你回头一看，感觉它就像是跟着你走一样，很是吓人，所以，被那些迷信的人把它称做"鬼火"。

现在我们知道，"鬼火"就是磷火，其实，它是很普通的一种自然现象。它通常是这样产生的：在人体内部，除了含有大量的碳、氢、氧、三种元素外，还含有其他元素，如磷、硫、铁等。在人的骨骼里含有较多的磷化钙。人死后，躯体掩埋在地下后，发生着各种物理或化学反应，骨骼里面的磷发生变化之后就转化为磷化氢，

◆鬼火

磷化氢一般情况下为气态，它的燃点很低，在常温下与空气接触时就能引起燃烧（$Ca_3P_2 + 6H_2O \longrightarrow 2PH_3 + 3Ca(OH)_2$，$PH_3 + 2O_2 \longrightarrow H_3PO_4$）。埋在地下的尸体散发出来的磷化氢会沿着地下的缝隙或孔洞进入空气中。特别是在高温的夏天，温度很容易达到磷化氢的燃点而产生蓝色的光，这就是磷火，也就是人们所说的"鬼火"。

化学趣味探索实验

水果的护身符
——水果保鲜剂的制备

◆苹果

大家一定都喜欢吃水果，水果中含有大量对人体生长有益的物质。比如草莓中富含各种矿物质、维他命及大量的水分，对皮肤有很好的滋润保湿作用，具有美容的功效，深得女孩们的喜爱苹果中含有丰富的糖类和钾盐，味道甘甜，具有止泻、助消化的作用。

水果中含有大量的维生素，能够增强人体抵抗病毒的能力，美国的医学家经过研究发现，经常吃水果的人比不经常吃水果的人不容易患感冒。同时，他们还发现，经常吃水果能够促进病人手术后伤口的愈合。

但是，水果一旦成熟以后就会逐渐腐烂，里面的营养物质也会随之流失。科学家研究发现，造成这种原因的罪魁祸首是水果成熟时产生的少量乙烯（C_2H_4）。乙烯有一种特殊的功能，一方面，它能诱发并加快水果的成熟，另一方面，它也能加快水果的腐烂。

介绍到这里我们就知道，水果保鲜剂是一类能吸附、吸收乙烯的物质。常见的吸附型保鲜剂有活性炭、天然沸石、硅酸钙等多孔性物质，但它们吸附量小，还有易脱附的缺点。目前，常用的保鲜剂是化学型吸附剂，如氧化型的高锰酸钾。

化学型吸附剂吸附乙烯时，乙烯被吸附剂氧化生成其他物质，所以不

存在脱附问题。现在多把高锰酸钾附着在活性炭等载体上制成高效的吸附—氧化型保鲜剂。

实验的反应式如下：

$$2KMnO_4 + 3C_2H_4 + 4H_2O \longrightarrow 2KOH + 2MnO_2 + 3C_2H_5OH$$

实验用品

酒精灯、大烧杯、铁架台、研钵、电子天平、高锰酸钾、活性炭、硅酸钙。

实验步骤

此次实验是分别制作高锰酸钾—活性炭型的水果保鲜剂和高锰酸钾—硅酸钙型的水果保鲜剂。

实验一：制备高锰酸钾—活性炭型保鲜剂。

首先，配置质量分数为3％的高锰酸钾溶液，接着，用电子天平准确称取20g活性炭，放入刚刚配好的高锰酸钾溶液中，用酒精灯加热，煮沸20～35分钟，室温下冷却后进行过滤，分离出里面的活性炭。接着把样品放进真空干燥箱中进行烘干。

实验二：制备高锰酸钾—硅酸钙型保鲜剂。

◆水果保鲜剂

取10g硅酸钙，15g高锰酸钾、分别用研钵研磨成粉末后进行混合。

实验三：水果保鲜实验。

取1kg草莓，分装在3个塑料袋中，第一袋放实验一制备的高锰酸钾—活性炭型保鲜剂；第二袋放实验二制备的高锰酸钾—硅酸钙型保鲜剂；第三袋不放保鲜剂，作为对照实验进行比较。

化学趣味探索实验

实验四：把三袋水果在相同的情况下放置一周以后进行观察。

实验现象

一周以后打开水果袋进行观察，发现在放有保鲜剂的两个袋子中的草莓依然新鲜，就像刚刚收获的草莓一样，但是，在没有放置保鲜剂的袋子中，里面的草莓出现了明显的腐烂现象。

小书屋

硅酸钙

硅酸钙，分子式为 $CaSiO_3$，不溶于水；主要用做建筑材料、高温保温材料等。硅酸钙一般由二氧化硅和氧化钙在高温下制取。$SiO_2 + CaO \xlongequal{} CaSiO_3$

知识拓展——帮你了解活性炭

◆活性炭

活性炭是一类主要由碳氧、氢等元素组成的、没有一定形状的黑色粉末状或颗粒状的无定形碳。活性炭的最大特征是它的表面含有大量的毛细孔，所以，有时候又称做多孔碳。含有大量毛细孔的活性碳有很大的表面张力，正因为如此，活性炭的一个明显的特性就是具有良好的吸附性。现在很多人都在冰箱中放入一定量的活性炭以除去里面的异味，这正是利用了活性炭良好的吸附性。活性炭自从问世以来，其应用领域就在不断扩展，应用数量也在不断递增。

活性炭作为一种人造材料是在1901年由著名科学家 Raphael von Ostrejko 研制出来的。他最初发明的活性炭是用二氧化碳和水蒸气为原料制取的，后来，经过各国科学家们的不断努力，终于形成了一套成熟的活性炭制作工艺。

化学趣味探索实验

HUAXUE QUWEI
TANSUO SHIYAN

最牛的书写——用火写字

汉字，又称中国字、中文字，是中国文化的杰出代表。汉字有简体汉字和繁体汉字之分，是世界上最为古老的文字之一，其历史可追溯至公元1300年以前的甲骨文。汉字直到汉代才被正式命名为"汉字"，到了唐代，汉字有了标准的手写体——楷书。汉字是世界上使用人数最多的文字，现在，世界上越来越多的国家开始设立中文课，专门学习汉字等中国文化。国内有一些学者认为，汉字是维系中国长期处于统一状态的关键因素之一，更有学者将汉字列为了中国的第五大发明。自汉代起，中国历代皆以汉字为主要官方文字，由此可见，汉字对于中国文明的延续起了关键作用。读者朋友们，我们每天都要写字，可是，你们用火写过字吗？

◆字

化学趣味探索实验

实验用品

白纸、毛笔、针、酒精灯、30％硝酸钾溶液、3mol/L硫酸。

实验步骤

1. 用针在白纸上扎出字形，接着用毛笔蘸质量分数为30％硝酸钾描刚刚用针扎出的字形，然后晾干。晾干后马上再用同样的方法用3mol/L硫酸再描一遍，然后晾干。

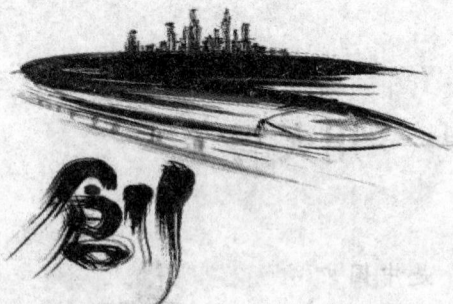

◆ "创"

2. 用打火机在字的针孔处点燃。

实验现象

这样，我们就会看到火顺着针孔蔓延出一个"火"字来。

在别人不明白其中原理的情况下你还可以表演呢，像变魔术一样，快去实践吧。

 **原 理 介 绍**

用火写字

硝酸钾受热时分解放出氧气，当涂有硝酸钾的纸燃烧时，由于燃烧时产生的热量不大，所以，没有涂硝酸钾的纸不会烧着。3mol/L 稀硫酸在烘烤时由于水分蒸发而变成浓硫酸。浓硫酸有脱水性，使纸碳化，现出字来。

历 史 趣 闻

从仓颉造字到 100 多年前甲骨文的发现，中国的历代学者一直致力于揭开汉字起源之迷。关于汉字的起源，到现在为止还没有确切的说法，一些古书上说是黄帝史官仓颉造的字。但是，现代的学者们普遍认为，一种系统的文字工具不可能完全由一个人创造出来，如果确有其人，他应该只是文字的整理者或颁布者。

知识拓展——古代的书写

说到古代的书写，就不得不提到墨。古人写字是离不开墨的。墨的起源可以追溯到新石器时代。在古代，墨作为文房四宝之一深得古人的喜爱。墨分为天然墨和人工墨两类，天然墨指的是天然的没有经过加工的石墨；人工墨是指那些

经过加工以后的墨。关于人工墨究竟是从什么时候开始出现的，在文献中没有明确的记载。

　　据《述古书法纂》记载："邢夷始制墨，字从黑土，煤烟所成，土之类也。"从这里也可以看出人工墨的历史大约起始于周宣王的时候。关于这一论说，在安徽歙县休宁一带还流传着一个动人的传说：有一天，有一个叫邢夷的人在小溪边洗手，看见水中漂浮着一块黑黑的东西，出

◆清琅缳仙馆墨（八方）

于好奇心就把它捡起来了，等拿到手中一看原来是一块松碳，随手就又扔回来河中。可是等他伸手看时，发现手上染上了黑色，很是诧异。后来，邢夷把松碳拿回家并把它捣碎，用吃剩下的粥饭拌和，只见它可以粘接在一起，于是，他就顺手把它挤压成了一个圆球的形状。等它干燥以后，邢夷发现，从上面取下一点和水一起磨碎后能用来写字。相传这就是邢夷制墨的开始。邢夷制墨也标志着人工制墨从此开始。人工制的墨，不论是质量还是使用价值，以及审美观等方面都大大超过了天然墨，所以，天然墨在人工制墨开始后便渐渐地退出了历史舞台。随着社会的发展和需要，人们对人工墨的要求也越来越高，人们开始对它的形状有了新的要求，这样就促使了墨模的发明，不过，其间经历了相当漫长的时间。

化学趣味探索实验

出没的蛇——点火烧出蛇

◆莽山蛇

右图是莽山蛇，看起来真是很恐怖啊。这种蛇只是蛇类的一种。在农村，农民为了驱赶蛇，就用火去烧。这种方法虽然有效，但容易引发火灾。我们这个实验的名称为"点火烧出蛇"，难道真的是用火将蛇烧出来吗？当然不是，下面就请大家看看到底是怎么回事。

实验用品

研钵、试管、铝箔纸、硬纸圆筒、火柴、重铬酸钾、硝酸钾、蔗糖。

实验步骤

1. 用研钵分别将 10g 蔗糖、10g 重铬酸钾、4g 硝酸钾研细。

2. 将研细的药品混合均匀后放在一张铝箔纸上，再将铝箔纸卷起并把下端封死后放进一支试管中。

3. 将研细的药品混合均匀后放在一张铝箔纸上，再将铝箔纸卷起并把下端封死，然后放进一支试管中。

实验现象

混合物立即燃烧起来，有条形的黑色固体从试管中冲出，并冒出一缕缕烟雾，看上去就像有"蛇"从试管中"爬"出来一样。

在本实验中涉及好几种常用化学试剂，其中重铬酸钾就比较典型。

原理介绍

火蛇出没

重铬酸钾、硝酸钾的氧化性都非常强，它们在受热时易分解放出氧气并生成有色固体残渣。蔗糖很容易在氧化剂中燃烧，当蔗糖过量时还会被碳化成黑色黏稠的焦炭。

$$4K_2Cr_2O_7 \xrightarrow{\triangle} 4K_2CrO_4（黄色）+2Cr_2O_3（绿色）+3O_2 \uparrow$$

$$2KNO_3 \xrightarrow{\triangle} 2KNO_2（白色）+O_2 \uparrow$$

$$C_{12}H_{22}O_{11} \longrightarrow 12C（黑色）+11H_2O$$

三种物质混在一起点燃，生成各种颜色的固体残渣，在 CO_2、H_2O（g）的作用下，残渣剧烈膨胀形成彩色团条状的蛇形物。

——小书屋

重铬酸钾又名红矾钾，分子式是 $K_2Cr_2O_7$。纯重铬酸钾是呈红色的晶体，它能溶于水，不能溶于乙醇等有机溶剂，储存时不能与可燃物放在一起，密度为水的 2.676 倍，熔点为 398℃，化合价为 +6 价。重铬酸钾是一种危险品，长期接触容易引发癌症，吸入后能引起呼吸道发炎、哮喘等疾病。

重铬酸钾在酸性条件下具有强氧化性，实验室中常用它配制铬酸洗液（重铬酸钾溶液和浓硫酸混合物），用来洗涤化学玻璃器皿上的还原性污物。使用后，洗液由暗红色变为绿色，说明洗液已经失效。

化学趣味探索实验

神奇的魔棒——魔棒下的猴变蛇

化
学
趣
味
探
索
实
验

◆魔术师在变魔术

早在几年前，美国魔术师大卫·科波菲尔的魔幻表演曾掀起了一股魔术热潮。他能让自由女神像消失好几秒钟，是非常神奇的。但随着那股热潮过后，人们也只是偶尔谈论一下。近来，刘谦的魔术再次引发了人们对魔术的兴趣。许多人都想破解刘谦的魔术。其实，魔术都是假的。在化学中也有很多小魔术，接下来，给大家介绍一下魔棒的魔力——小猴变蛇。

实验用品

细玻璃棒、硫氰化汞、水、胶水、蔗糖、硝酸钾、酒精、浓硫酸、高锰酸钾。

实验步骤

1. 制作小猴：取适量的硫氰化汞、水、胶水、蔗糖和硝酸钾，把这些物质用玻璃棒调成糊状后，做成小猴的形状，放在通风处晾干。

2. 在"小猴"的头部钻一个小洞，往洞中注入少量酒精。

3. 配制一些浓硫酸和高锰酸钾的混合液放入一个干净的烧杯中。

4. 用玻璃棒蘸取浓硫酸和高锰酸钾的混合液去轻轻点一下"小猴"的头部。

实验现象

用玻璃棒的一端轻轻地点一下"小猴"的脑袋，奇迹立刻出现了：顿时，"小猴"升烟起火，变成了一条婉蜒的淡黄色的"长蛇"，冲天而立，摆出要袭击敌人的架势。

◆制作的小猴

千万不要去闻"小猴"头上冒出的气体的气味，尤其不要把灰弄到嘴里。

魔术都是假的。我们之所以感觉到神奇，是因为有一些奥秘的存在，而这些奥秘还未被我们所了解而已。

原理介绍

高锰酸钾是一种具有强氧化性的氧化剂。当它和有强氧化性的浓硫酸混合后，其氧化性进一步增强，甚至可以氧化燃烧酒精。所以，当用玻璃棒轻轻点"小猴"的头部时，酒精马上就被这强氧化剂点燃了。又因为硝酸钾受热时会放出氧气，使得酒精在氧气的助燃下燃烧得更旺。又由于硫氰化汞受热时易膨胀，于是，一条弯曲的淡黄色的"长蛇"便冲天而立。

知识拓展——硫氰化汞

硫氰化汞又称硫氰酸汞，是一种白色粉末，属于有毒化学品，化学分子式为 Hg (SCN)$_2$，熔点为 165℃，几乎不溶于水，难溶于盐酸、乙醇、丙酮，能溶于氨水、乙醚。根据相似相容的原理，它易溶于硫氰化钾等硫氰酸盐溶液中。当它暴露在阳光下时会变色，可以分解。硫氰化汞是由硝酸汞与硫氰酸铵反应后制得的。它虽然不易燃烧，但在遇到酸或高温时便会分解产生一种有毒气体，这些气体被吸入、或与皮肤接触时，会对生物体造成危害。硫氰化汞对水生生物有

极高的毒性，因此在储藏时应该放置在远离食品、饮料和动物饲料的地方。皮肤接触硫氰化汞后，应立即用大量清水冲洗；发生事故时或感觉不适时，应该立即去医院求医。硫氰化汞及其存放的容器必须作为危险废品进行处置，避免释放到环境中。硫氰化汞可用于制合成树脂、杀虫杀菌剂、硫脲类和药物等，也可用做化学试剂，此外，它还是三价铁离子的常用指示剂，加入铁后产生血红色絮状络合物。

◆硫氰化汞

化学趣味探索实验

知识库——世界上最早的魔术

◆神奇的魔术

历史上关于魔术的最早纪录是在埃及，但是，关于魔术的起源时间至今仍是个谜。很早以前，魔术被一些巫师当做蒙骗人民的工具。世界上的第一份关于魔术的记录大约是在公元前2600年。科学家发现了一份威斯卡手稿，手稿上记载着一位名叫德狄的魔术师被当时特别喜欢观看魔术表演的法老召去进行表演。他当时表演的魔术是将鹅的头砍下后，再把鹅头接回去。

历史上有很多建筑也充满了魔术的色彩，如古希腊的神殿就利用了魔术的原理。当前去祭拜的人们进入神殿大门时，会看到祭台之上瞬间冒出火焰，而这些火焰并不是真正的火焰，其实是一些随风飘动的红色的旗子。还有那运用风管原理制造的会说话的神像，其魔术色彩也特别浓厚。

轻生的糖——糖的自燃

自燃是指在没有外来火源的作用下，空气中的可燃物靠自身产生的热量或外界供给的热量而发生燃烧的现象。根据热源的不同，物质自燃可分为自热自燃和受热自燃两种。在一般情况下，大多数的可燃物在空气中都会发生缓慢的氧化过程，但氧化过程很缓慢，放出的热量也很少，同时还不断地向四周环境散热，故不会产生燃烧。随着物质自身温度的升高或其他条件的改变，氧化过程就会变得很快，放出

◆白糖图片

的热量也会更多。如果产生的热量不能全部散发掉就会积累起来，使温度进一步升高，当到达该物质的燃点时，就会发生自燃。下面我们就来体验一下糖的自燃。

化学趣味探索实验

实验用品

糖、氯酸钾、蒸发皿、浓硫酸。

实验步骤

在蒸发皿内放等量的糖和氯酸钾，并把它们混合均匀。然后在混合物顶部轻轻地挖一个小坑，向挖好的小坑中滴少量浓硫酸，观察蒸发皿中糖的变化，你会发现过一会儿糖就会发生自燃。

化学趣味探索实验

实验注意事项

注意，在做这个实验的时候应在通风效果良好的通风橱中进行！

原理介绍

糖的自燃

由于浓硫酸具有强氧化性，当它与糖反应时便会放出大量的热，放出的热能促进氯酸钾分解放出氧气，氧气又进一步氧化糖，这样反应产生的热量会进一步增加，最后足以使糖燃烧产生火焰。

小资料——浓硫酸

浓硫酸的脱水性

◆蔗糖与浓硫酸充分接触后，蔗糖很快脱水碳化变黑

浓硫酸是指浓度（这里的浓度是指硫酸溶液里硫酸的质量分数）不低于70％的硫酸溶液。高浓度的浓硫酸具有强氧化性，它的强氧化性对很多物质都具有破坏性，这也是它与普通硫酸最大的区别之一。浓硫酸是实验室中使用非常频繁的无机强酸之一，它具有许多特有的性质，如腐蚀性、吸水性、强氧化性以及脱水性等。

物理性质：

浓硫酸是一种无色无味的液体。常用的浓硫酸中硫酸的质量分数大于 98%，其密度为 $1.84g \cdot cm^{-3}$，浓硫酸是一种高沸点难挥发的强酸，沸点高达 $338℃$。浓硫酸易溶于水，是少数几种能与水以任意比例互溶的物质之一。

腐蚀性：

浓硫酸具有很强的腐蚀性，很多物质遇到浓硫酸时都会被破坏。倘若在做实验的过程中不小心把浓硫酸溅到身上，这时应立即用布擦干，再用小苏打溶液冲洗，最后还要再用大量的清水冲洗，必要时应立即赶往医院救治。

吸水性：

浓硫酸具有很强的吸水性，我们可以进行一个简单的小实验检验一下浓硫酸的吸水性。将一瓶浓硫酸敞口放置在空气中，过一段时间后你会发现，它的质量

增加了，通过测定你会发现，它的密度也变小了，这正是因为浓硫酸具有吸水性的结果。

脱水性：

就硫酸而言，脱水性是浓硫酸独特的性质，稀硫酸就没有这样的性质。物质在遇到浓硫酸发生脱水的时候，物质中的水并不是发生了简单的转移（水从物质本身转移到浓硫酸中），而是发生了很复杂的化学变化过程。

化学趣味探索实验

水滴当火种——滴水生火

◆消防灭火◆

当发生火灾的时候，消防员采取的最基本的方法就是用水来灭火。

消防员用水灭火，而有的科学家却可以用水来生火。水可以灭火，水又可以生火，这究竟是怎么回事呢？

左图中消防员们正在进行消防演习，只见刚刚还在熊熊燃烧的大火不一会儿就被消防员们用水扑灭了。消防员的精彩演习赢得了在场观众的一阵阵掌声。

但是，科学家们却说他们可以用水来点火，这样不就跟上面的例子相互矛盾了吗？消防员们是用事实向我们展示水可以用来灭火，这个事实不容质疑，而科学家们说的可以用水来点火又是怎么回事呢？

接下来我们就跟随科学家们一起看看他们是怎么用水来点火的吧。

实验原理

过氧化钠与水反应可以产生氧气，同时会放出大量的热，使白磷燃烧并生成大量的五氧化二磷白烟。

实验用品

蒸发皿、胶头滴管、镊子、滤纸、过氧化钠、白磷、电子天平。

实验步骤

1. 找一个稍微大一些的蒸发皿，把它放在铺有细沙的地面上。

2. 把用电子天平称好的 2g 过氧化钠放在蒸发皿上，取一块白磷，先用滤纸吸去表面的水分后再用镊子夹住，把它放在过氧化钠上。

3. 用胶头滴管向过氧化钠慢慢地滴 1～2 滴水，你会发现蒸发皿中的白磷立刻燃烧起来，随之产生浓浓的白烟。

这样，滴水生火的神奇现象就呈现在我们面前了。

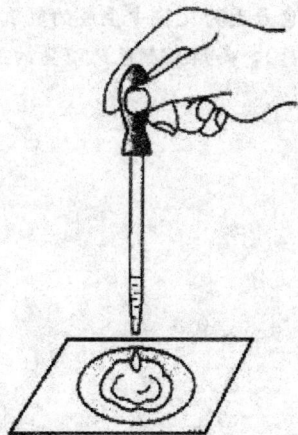

实验现象

我们可以清楚地看见水面燃烧起来。

◆用滴管向过氧化钠滴水

小资料

过氧化钠

　　过氧化钠化学分子式是 Na_2O_2。过氧化钠是白色或黄色粉末，摩尔质量为 78g/mol，相对密度为 2.47（水是 1），熔点 460℃（不分解）。其化学性质：组成原子价态氧元素为 -1 价，过氧根 -2 价。其物理形态：固体（粉末）。纯的过氧化钠为白色。

知识拓展——过氧化钠

　　过氧化钠是一种浅黄色的粉末，它具有一些特殊的性质：它可以吸收空气中的水分和二氧化碳，可以用做供氧剂，还可以用来进行消毒、杀菌和漂白。过氧化钠可以用来漂白是利用它与水反应的产物具有强氧化性的性质。当把过氧化钠加入水中之后便会发生下面的化学反应：$2Na_2O_2 + 2H_2O \longrightarrow 4NaOH + O_2$；同

时还发生反应：$Na_2O_2 + H_2O \longrightarrow 2NaOH + H_2O_2$。我们知道 H_2O_2 具有漂白物质的本领。

　　向过氧化钠与水反应后的溶液滴加酚酞试液，溶液先变红色后又褪色，变红色是因为反应中生成的氢氧化钠遇到酚酞发生的特征颜色变化（酚酞遇到碱显红色），而后来颜色又消失的原因则是因为反应生成的 H_2O_2 具有漂白作用。

化
学
趣
味
探
索
实
验

变色龙——白糖变黑雪

白糖是由甘蔗或甜菜经过特殊工艺后制成的精糖。它色白，甜度高，一般是小颗粒状或粉沫状，像冬天的白雪（如右图）。白糖易溶于水，温度越高，水中溶解的白糖也越多。糖水在热、酸、碱、酵母等作用下会发生各种不同的化学反应。在食品工业中，白糖所起的作用更是举足轻重，如它可以起到增甜、增色、缓和酸味等作用。

有了白糖，我们就能吃到糖醋鱼、糖醋排骨、拔丝香蕉等经典菜肴。这里，"黑雪"是什么呢？我们如何将白糖转变为"黑雪"呢？下面的实验将为大家揭晓答案。

◆白糖

化学趣味探索实验

实验用品

烧杯、玻璃棒、白糖、浓硫酸。

实验步骤

实验的过程很简单，就是在一个 500mL 的烧杯中投入 5g 左右的白糖，再滴入几滴浓硫酸，然后不断地用玻璃棒进行搅拌。

下面的截图是部分实验过程，实验现象可描述为：白糖变成一堆蓬松

的"黑雪"，实验过程中会发出"嗤嗤"的声响，并有大量气泡产生。"黑雪"的体积逐渐增大，甚至溢出烧杯。整个过程简单易行，快去体验吧。

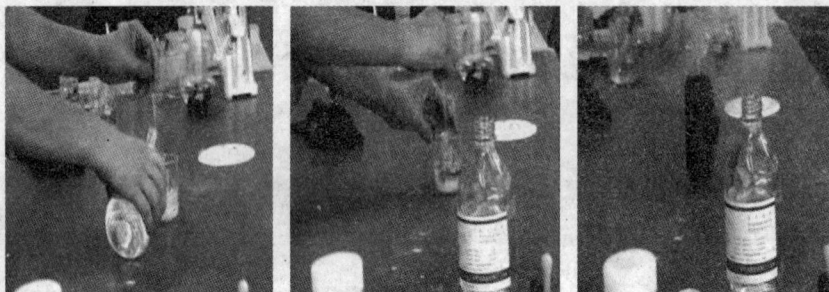

◆实验示意图

原理介绍

白糖变黑雪

浓硫酸具有脱水性和氧化性，能将物质中所含的水分脱去。白糖是一种碳水化合物（$C_{12}H_{22}O_{11}$），当它遇到浓硫酸时，白糖分子中的水立刻被脱去，可怜的白糖就剩下黑色的碳了。这时浓硫酸利用它的氧化性，将一部分碳氧化，生成二氧化碳气体。反应方程式如下：

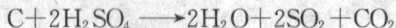

$$C + 2H_2SO_4 \longrightarrow 2H_2O + 2SO_2 + CO_2$$

由于反应后所生成的二氧化碳和二氧化硫气体，所以，生成物体积越来越大，最后变成蓬松的"黑雪"。

广角镜——硫化糖和碳化糖

当前，白糖的分类可以根据制工艺的不同分为硫化糖和碳化糖。碳化糖保质期较长，质量较好，但价格相对较高，因此国内生产碳化糖的厂家相对较少。

由于生产硫化糖所需要的设备较少，工艺流程比较简单等，所以，我国现在大多数白糖的生产厂家都是以生产硫化糖为主。硫化糖的生产在我国制糖工业中

已经形成一套比较成熟的制作工艺。碳化糖的生产相比硫化糖则要复杂的多。我国目前生产碳化糖的工艺主要是用石灰和二氧化碳作为澄清剂来澄清蔗汁的方法。这种方法生产的食糖纯度高，含硫少，能久贮而不致变色。但是，采用这种方法制取白糖的工艺流程比较复杂，所需机械设备较多，即使生产少量的白糖也会消耗大量的石灰和二氧化碳，因而生产成本较高。

化
学
趣
味
探
索
实
验

时尚的香皂——透明香皂

化学趣味探索实验

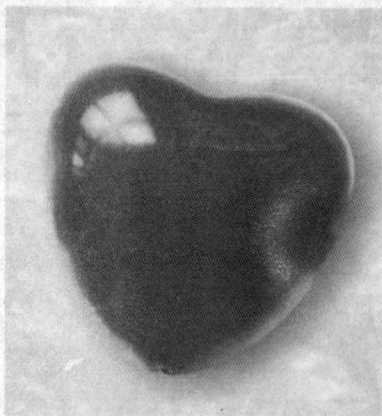

◆透明香皂

◆蓖麻油

香皂是日常生活中不可或缺的洗涤品，人们使用香皂的历史可以追溯到公元前。

香皂是一种最普通和最受人们欢迎的洗涤用品。随着人们对香皂的需求越来越多样化，香皂的种类也日趋丰富，美白香皂、驱蚊香皂、祛痘香皂等等都是为满足不同人群的需求应运而生的。

我们这个实验所要讲述的是透明香皂，它外观晶莹透明，深受青年人的欢迎，这种香皂制作时所采取的方法是"加入物法"。制作的关键是皂化反应是否完全。皂化反应是否完全可在皂化反应进行完以后用一个简单的方法来检验，取少量反应后的样品加入到一支试管中，注入 10mL 左右的热水，振荡。如能完全溶解，就可以证明皂化反应进行完全了。

明白了实验的关键所在，我们接下来就来亲手制作一块时尚的透明香皂吧！

实验用品

酒精灯、玻璃棒、烧杯、水浴锅、温度计、蓖麻油、碱（NaOH 溶液）、高纯度酒精、猪油、甘油、白糖、蒸馏水、香精、染色剂。

> **小知识**
>
> **蓖麻油**
>
> 蓖麻油是用蓖麻的种子（含油约 50%）去壳后压榨而成的。它的营养价值很高，含有丰富的油类和蛋白质，其含油量最高可达 70%，含蛋白质也在 18% 左右。蓖麻的主要产地为巴西、印度及前苏联，在我国各省也均有种植。

实验步骤

1. 把少量猪油加入干燥的烧杯中，把烧杯放入温度为 85℃ 左右的水浴锅内，再把蓖麻油加入烧杯中，然后用玻璃棒搅拌使烧杯中的物质充分混合。

2. 先将碱与酒精在另一个烧杯中混合均匀，然后加入已经混合好的猪油和蓖麻油中（此过程要一直用玻璃棒搅拌），此时发生的是皂化反应，会看到有淡黄色的糊状固体生成。保持水浴锅温度在 80℃ 左右，等到皂化反应完全后停止搅拌。

3. 把少量的白糖溶解在温水中，在不断搅拌下。先把甘油先加入烧杯中，再向烧杯中加入溶解好的白糖溶液。

4. 加入白糖溶液后停止加热，待烧杯中的温度降低至 60℃ 时，加入香精和染色剂，搅拌均匀后把混合液倒入制作香皂的模具中进行冷却。

5. 等模具中的香皂的温度冷却至室温以后，再用一块柔软的布对刚刚制作出来的香皂进行外观修饰。

化学趣味探索实验

小书屋

　　透明香皂的外观晶莹剔透，深受青年人的欢迎。透明香皂有两种制作方法：一种是采用乙醇（酒精）、糖及甘油等制作，我们称之为"加入物法"；另一种不加酒精、糖及甘油等物质，完全靠手工研磨，压条来达到透明的目的，我们把这种方法称为"研磨压条法"。用"加入物法"制作透明皂适用于小规模生产，无需特殊设备。

小资料——香皂

　　香皂的去污能力要比一般的洗面奶强得多，再加上香皂的价格也远远低于洗面奶，所以，现在使用香皂的人逐渐增多了。不过，我们在用香皂洗脸的时候一定要冲洗干净，不要让香皂残留在皮肤上。因为当我们使用碱性香皂洗脸时，如果香皂残留在皮肤上，皮肤就会逐渐变粗糙。

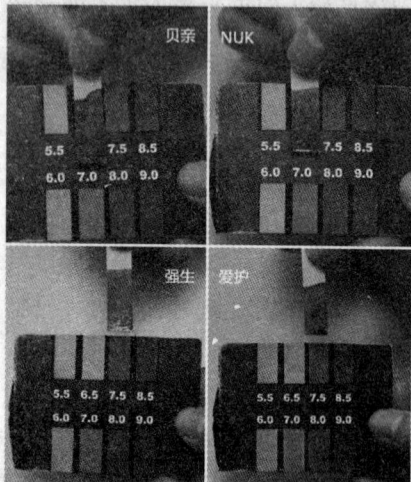

◆各种品牌香皂的酸碱性

　　从香皂的酸碱性上可以把香皂分为弱酸性香皂和弱碱性香皂。我们知道，正常情况下，人的皮肤是弱酸性的，因此很多人在选择香皂的时候都刻意选择与自己皮肤酸碱性一致的香皂。更有甚者，有人买回香皂以后都用 pH 试纸来检测香皂的酸碱性，他们对那些弱碱性的香皂会不会伤害皮肤拿不准，一直抱有"碱性会伤害皮肤的疑虑"。其实不然，只要不是长期使用碱性特别强的香皂，是不会对皮肤造成伤害的。

　　香皂在我们的日常生活中还具有一些特殊的功能，比如，它可以用做润滑剂、隔离剂、软化剂等。

化学趣味探索实验

"水"画家——水干画现

王安石写过《画》这首诗："远看山有色，近听水无声。春去花还在，人来鸟不惊。"全诗生动地描述了山的静与鸟的动，将画面展现得惟妙惟肖。在我国遭受列强侵略时，有许多文物遭到破坏，很多名人的字画都葬身火海。我们下面的实验是教大家一种使画不会被烧坏的方法。右图是中国名画《清明上河图》的一部分，有了这种方法，我们就可以保护字画了。

◆清明上河图（局部）

化学趣味探索实验

实验用品

烧杯、毛笔、镊子、玻璃棒、一幅图画、硼砂溶液、明矾溶液、棉花、丙酮、铝粉。

实验用品

1. 取一幅画，用笔在画上涂一层硼砂溶液，晾干后再涂一层明矾溶液，再晾干。

2. 在小烧杯里加入丙酮、铝粉和棉花，用玻璃棒把它们搅拌均匀。然后用镊子夹起烧杯中的棉花，把棉花中的浓稠液体涂在玻璃板上，涂的面

积要比画略大一些。

3. 重复刷 3～4 遍，干燥后小心地把它揭下来并贴在上述第一步中所制作的画片上，然后用火柴点燃棉花，观察实验现象。

实验现象

棉花迅速燃烧，但是，棉花烧完以后，美丽的画依然呈现在我们眼前，并没有因为棉花的燃烧而受到损坏。

原理介绍

图画先后经过硼砂和明矾溶液处理过后，在画面上就形成一层不易燃烧的保护层。由于有这层保护层，当画表面的棉花燃烧时，图画就不会被烧坏。

知识库——明矾和硼砂

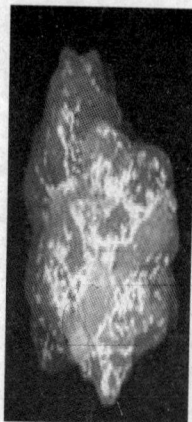

◆硼砂和明矾

明矾：是含有结晶水的硫酸钾和硫酸铝的复盐，化学式为 $KAl(SO_4)_2 \cdot 12H_2O$，明矾味酸涩，明矾就有抗菌作用、收敛作用等，可用做中药。

硼砂：无色半透明晶体或白色结晶粉末。无臭，味咸。易溶于水、甘油中，微溶于酒精。水溶液呈弱碱性。硼砂在空气可缓慢风化。熔融时成无色玻璃状物质。硼砂有杀菌作用，口服对人有害。

化学趣味探索实验

安全地保护自己的隐私
——密写书信

　　鸡毛信是指那些比较紧急需要马上送达的信件，因在信封的两角插鸡毛而得名。鸡毛信曾在抗日战争时期大量使用，特别是在那些没有电台的偏远山区，鸡毛信的使用尤其频繁。小学语文课本上就有专门讲述鸡毛信的故事：抗日战争时期，有姓赵父子俩，父亲是民兵队长，儿子海娃是儿童团团长。一天，父亲得到鬼子要进村抢粮的消息，便让海娃送一封有关敌人行动信息的鸡毛信给八路军。

◆写信

　　聪明的海娃以放羊作掩护，赶着几只羊出发了，却没想到途中遇到了鬼子，海娃急中生智，将信藏在了头羊的大尾巴下面，保住了信，没有被鬼子搜到。

　　到了夜里，海娃等敌人都睡着后，拿着信迅速赶到八路军的指挥部，顺利完成了任务。八路军根据鸡毛信提供的情报迅速行动，彻底消灭了准备进村抢粮的鬼子。

　　这就是鸡毛信的故事，不知道读者朋友们看过没有？但是，如果当时会密写书信的话，海娃就不会面临那么大的危险了。

实验原理

　　在白纸上用特殊的笔液写字，晾干后看不到字迹，什么时候想看写的内容，就用能与这种笔液作用后显示一定颜色的试剂来处理，然后就能显示出所写的内容了。

化学趣味探索实验

化学趣味探索实验

实验用品

白纸、笔、酚酞、浓氨水、稀淀粉溶液、碘水。

实验步骤

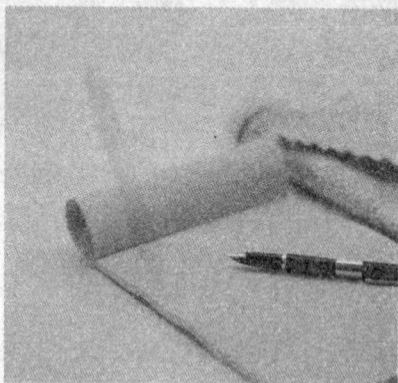

◆实验示意图

1. 用笔蘸取酚酞试剂在一张白纸上写一封信，写完以后把它放在通风处晾干，然后把纸放在盛有浓氨水的试管口熏，观察实验现象。不一会儿就看到纸上刚刚晾干的字迹显示为红色了。这时，如果再把纸放在通风处，稍等一会儿，上面红色的字迹又重新变为无色。如此可以反复若干次。

2. 另取一张白纸，用笔蘸取稀的淀粉溶液在上面写一封信，写完以后同样放在通风处晾干。等字晾干后，用一支毛笔蘸着碘水涂抹刚刚写过字的地方，观察实验现象。一会儿你就会看到刚刚写过字的地方显出蓝色的字，当把纸放在火焰上烘烤时，蓝色又褪去。如此也可以反复若干次。

知识广播

密写书信

碘水也指碘的水溶液（100g 水在常态下只能溶解 0.029g 碘，因此，常加入碘化钾来增大其溶解度）。碘水呈紫红色，在实验室可用来氧化那些还原性较强的物质，也可以用来检测淀粉的存在。

不怕火来烧——烧不着的滤纸

◆滤纸

滤纸的主要成分一般是棉质纤维，由于其材质是纤维，因此，在其表面上存在着大量的、微小的毛细孔，这些毛细孔能让液体粒子通过，却不让体积较大的固体粒子通过。这种特性可以让混合在一起的液态和固态物质分离，这就是滤纸的作用原理。我们知道，纸都是怕火的。但这里给读者介绍的却是一种烧不着的滤纸。

实验原理

滤纸用磷酸钠和明矾溶液浸过后，会在滤纸的纤维上形成一层阻碍纤维燃烧的保护膜，进而防止滤纸燃烧。

实验用品

烧杯、镊子、玻璃板、玻璃棒、滤纸、磷酸钠溶液、明矾。

实验步骤

1. 在烧杯中配置 50mL 明矾的饱和溶液，然后再加入磷酸钠溶液，用玻璃棒搅匀。

2. 将滤纸放进烧杯中浸泡 10 分钟

> 将滤纸浸泡在浓硫酸中，等滤纸完全浸湿后，用水冲洗滤纸，这时，滤纸就成为一张半透膜了！

化学趣味探索实验

左右，用镊子将其取出，放在通风效果良好的地方晾干。

等滤纸晾干后，你就可以体验不怕火的滤纸究竟是真是假了。试验的时候用火柴去点滤纸，你会发现滤纸怎么也燃烧不起来。

知识库——滤纸

滤纸（Filter Paper）是一种化学实验室常用的过滤工具，常见的形状是圆形。滤纸多由棉质纤维制成。常见的滤纸一般可分为定性滤纸及定量滤纸两种。在分析化学的应用中究竟选择哪一种滤纸，可以根据滤纸的硬度、过滤效率、容量以及适用性等因素综合考虑。定性滤纸一般只适用于作定性分析；定量滤纸是无灰滤纸经过特别的处理而制得的，这种滤纸含有的杂质较少，它能够较有效地抵抗很多的化学反应，故可以用于对滤纸要求较高的定量分析中。滤纸除在实验室应用外，在生活上及工程上的应用也很多。

知识拓展——明矾在生活中的用途

◆明矾

人们对明矾是很熟悉的，明矾也叫白矾，化学名称叫十二水硫酸铝钾。明矾的用途很多，它不仅可用做化工原料，还可以用来净水。

明矾为什么能用来净水？

水中那些微小的泥土和灰尘，由于重量很轻，不容易沉淀，会在水中到处漂浮，使水看上去很混浊。另外，这些微小的粒子还能把水中其他一些小离子吸引到自己身边来，或者自己电离出一些离子，从而使自己带上电荷。这些带电荷的粒子往往都带有负电荷。根据同性电荷相互排斥，异性电荷相互吸引的原理，这些带有负电

化学趣味探索实验

荷的粒子因互相排斥而靠不到一起，这样它们就没有结成较大的粒子而沉淀下来的机会。明矾却有一种神奇的本领，能使得这些彼此不能靠近的粒子聚集到一起。

明矾一遇到水就会发生水解反应，在此反应中，硫酸钾是个配角，硫酸铝才是主角。原理如下：

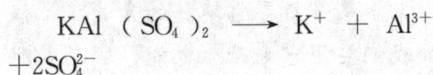

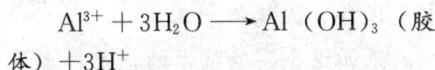

$$KAl(SO_4)_2 \longrightarrow K^+ + Al^{3+} + 2SO_4^{2-}$$

$$Al^{3+} + 3H_2O \longrightarrow Al(OH)_3（胶体）+ 3H^+$$

硫酸铝与水作用后生成白色絮状沉淀物——氢氧化铝。氢氧化铝是一种带有正电荷的胶体。当带有正电荷的氢氧化铝胶体碰到水中带有负电荷的泥土和灰尘颗粒时，就会吸引泥土和灰尘上的负电荷，使这些颗粒彼此"抱"在一起。这样，很多粒子聚集在一起，颗粒越来越大，当生成的颗粒达到一定的质量时，由于重力的作用会使它们逐渐沉入水底，水就变得清澈透明了。

我们知道，在一些食品中添加有明矾（比如米线和油条中），而明矾中含有铝离子，吸收过多的铝离子会对人体造成一定的伤害，尤其是智力方面，因此，我们建议少吃为妙。

◆加明矾的粉丝

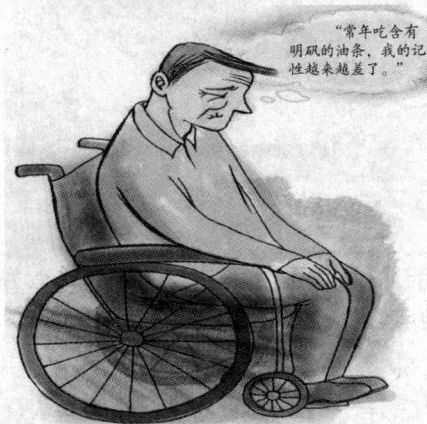

"常年吃含有明矾的油条，我的记性越来越差了。"

◆与明矾有关的漫画

化学趣味探索实验

水果的另一种用途
——水果电池的制作

◆水果电池

化学趣味探索实验

水果是再寻常不过的食物了，假如我们要用它来产生电能，驱动某种电子设备，你能想象吗？

下面这个实验演示的就是用水果制成的电池来驱动电子表的实验。

实验步骤

1. 铜片和锌片是我们这个实验要用到的主要材料。铜片和锌片都可以从废旧电器上收集。注意：在收集铜片和锌片的过程中，一定要采取好防护措施，拆卸的时候注意安全，戴好手套，不要伤到手。

2. 用砂纸把拆下来的铜片和锌片的表面打磨干净，除去金属表面的氧化物，这样做的目的是防止金属表面的氧化物对电流产生影响。

◆实验器材

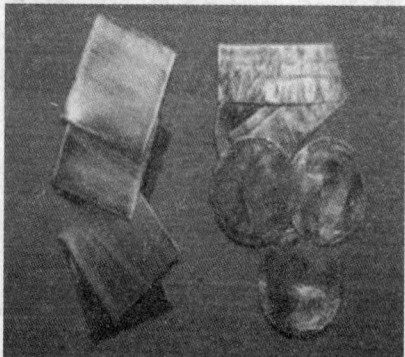

◆实验器材

3. 接下来的工作就是把用砂纸磨好的铜片和锌片锡焊接在不同颜色的导线上以便进行区分。

4. 将连接有不同颜色导线的铜片和锌片稍微隔开一定距离平行插入一个西红柿，插好以后，一个简单的西红柿电池就制作成功了！

5. 实验中，西红柿电池产生电能的原理就是我们以前学习过的原电池的原理：当两种金属同时处在电解液（也就是这里的西红柿内）中，相对活泼的金属易失去电子，这些电子会沿着金属导线传导，形成电流。这里大家可以根据金属铜和金属锌的活泼性质，自己动脑筋思考一下，这个电池中铜片和锌片哪一个是正极？

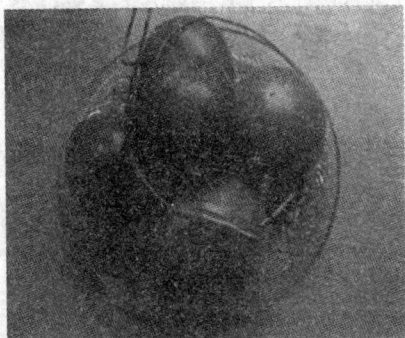

◆实验示意图

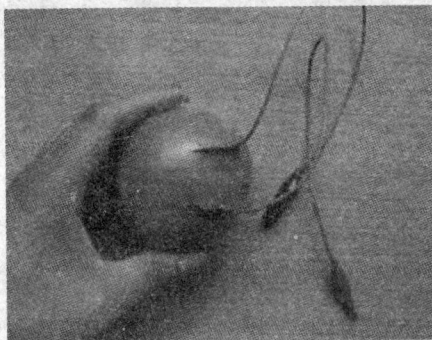

◆实验示意图

6. 电池做好以后，我们可以来检验一下它的效果究竟怎样。一个西红柿电池的电压太低了，我们把铜片和锌片两两焊接起来，为的是得到一个电池组。铜片—锌片—铜片—锌片……把一个个西红柿电池串联起来。

7. 我们用万用电表进行检测发现，1 个西红柿电池的电压是大约为 0.9V，3 个串联起来

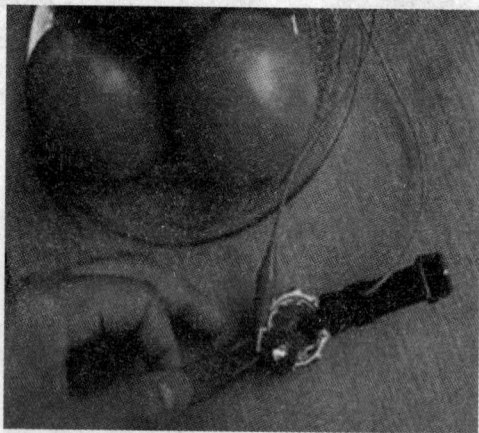

◆实验示意图

应该是 2.7V，但是，当多个西红柿电池串联起来的时候它们的电阻会发生变化，从而导致电压发生变化，使测量的结果和实际预测的结果之间存在一定的误差。事实上，经过实际测量，结果也的确如此，3 个西红柿电池串联起来电压只有 1.8V。

8. 用上面串联好的电池驱动一块电子手表。当我们把电子表中原来的电池取走，接上实验中做好的水果电池时会发现，电子手表的指针马上转动起来了！

化学趣味探索实验

知识讲解

我们根据平时的生活经验就能够想象到这个反应的过程是很慢的，实验中产生的电能也不会很大。当向由铜片和锌片组成的电池中加入酸时，会发现电池产生的电流明显增大。这主要是由于酸性物质里存在着大量的氢原子，而氢原子能够加速电池中的化学反应，进而产生更大的电流。有些水果也是酸性的，虽然不像盐酸或是硝酸的酸性那么强，但也能够增大电池中的电流强度。

因此，我们可以根据上面的知识选择实验中所要用的水果。这里简单地列举几种仅供大家参考：西红柿、柠檬、猕猴桃。

动动手——做个实际应用实验

你可以自己动手亲自做一下上面实验中最后一步的电池驱动手表的实验。

这个实验既可以锻炼我们的动手能力，又可以在日常生活中检验我们从书本上学到的理论知识是否扎实。

　　做这个实验的时候，电极材料可以仍然采用铜片和锌片，而电解液可以不用西红柿而采用别的水果。也可以采用另外的两种金属来做电极材料，仍然采用西红柿做电解液。做完之后可以比较一下，哪一种电池产生的电流更大，产生电流的时间更持久！思考一下，其中的奥秘究竟是什么？

化学趣味探索实验

实践篇

魔术花——白花变蓝花

花的颜色能改变吗？你可能听说过变色龙，但是你听说过变色花吗？你可以想象一下，一朵白色的花经过一个小小实验后，立刻变为蓝色，那效果就像是变色龙从白色变为绿色。这是一个很有趣味的实验，并且简单易行。我们在学习了一定的化学知识后，就可以亲自做这个实验了。

◆白花

实验原理

常温下，干燥的碘遇到锌的时候是不发生反应的，当加入水后，它们会发生强烈的化学反应并放出大量的热，放出的热使反应中过量的碘升华为紫烟，升华后的碘和白纸花上的淀粉接触呈蓝色，于是，紫烟造出蓝花。

实验用品

铁架台、铁夹、玻璃棒、蒸发皿、滴管、锌、碘、淀粉。

◆蓝纸花

实验步骤

1. 在蒸发皿中放入 2g 干燥的锌和 6g 干燥的碘，用玻璃棒搅拌均匀，用白纸折一朵花，在上面涂上一层淀粉后放在蒸发皿的上方。

2. 用滴管吸取少量的冷水，滴在蒸发皿中锌与碘的混合物上，可以看到，立即有紫烟腾空而起，当升起的紫烟遇到白花时，花的颜色变为浅浅的蓝色。

3. 重复步骤 2 再做一次，蓝花的色彩会更加艳丽。

实验结束后你会发现白纸花变成了鲜艳的蓝纸花。

◆实验示意图

知识拓展——神奇的碘

单质碘是紫黑色固体，密度为 4.93g/cm³；在化学元素周期表中位列第 53 号（质子数 53），原子量为 126.9；熔点 113.5℃，沸点 184.35℃；化合价有 -1、+1、+3、+5 和 +7 几种；电离能 10.451 电子伏特。单质碘具有黑色的金属光泽，受热时易升华。有毒性和腐蚀性；难溶于水，易溶于乙醇和其他有机溶剂。碘能够同元素周期表中

◆碘

化学趣味探索实验

的大部分元素直接化合，但不像其他卤族元素反应那样剧烈。碘与芳香族化合物、不饱和烃的反应都是一些典型有机反应。

单质碘在加热时升华为有强烈刺激性气味的紫色蒸汽。碘蒸汽有毒，实验室中操作有关碘加热的反应时一定要在通风效果良好的通风橱中进行。

碘的化合物在有机化学中占据着十分重要的位置，另外，碘对人体生长和发育也起着很重要的作用。缺乏碘会导致甲状腺肿大。

◆碘的升华

单质碘遇到淀粉后会呈现出深蓝色，这是碘的特征之一。如果实验室中盛放碘的试剂瓶标签遗失之后，可以依据这个特征进行鉴定。

化学趣味探索实验

美丽的书签——叶脉书签

◆书签

书签是指人在读书时为了记录阅读进度而夹在书中的小薄片儿。书签多用纸或树叶等制成。书签上的图案取材广泛，哪怕自己信手涂鸦都可以当做书签，对于一些高档的书签，除图案内容外，在材料和造型上有所创新。

看着市场上琳琅满目的书签，我们会情不自禁地停下来欣赏一番。你有没有想过自己也能做出来？今天我们就学习叶脉书签的制作方法。

实验用品

树叶、蒸馏水、染料、碳酸钾、漂白粉、氢氧化钠溶液、软牙刷、书本

实验步骤

1. 在选择树叶的时候一定要仔细，尽量选择那些外形完整、大小适中，最好是具有网状叶脉的树叶，这是成功的关键。

2. 将树叶洗干净后放在盛有浓度

◆叶片

化学趣味探索实验

为 10% 的氢氧化钠溶液的烧杯中，用酒精灯加热。当看到树叶的叶肉呈现黄色后将其取出，用清水将上面的碱液洗干净。

3. 将树叶放在一块平整的地方，用软牙刷慢慢地将叶肉刷去。

4. 漂白：（1）用烧杯Ⅰ配置质量分数为 8% 的漂白粉溶液；用烧杯Ⅱ配置质量分数为 20% 的碳酸钾溶液。将配好的两种溶液倒入另一干净的烧杯中混合均匀，过滤。得到的滤液即为漂白液。（2）把去除了叶肉的树叶标本浸入到漂白液中，等树叶完全漂白后，把树叶取出，用清水冲洗干净。

5. 着色：先将染料用温水冲开，搅拌均匀后，再把漂白后的树叶放入染液中静置一段时间，再取出，用清水冲洗干净，然后把它放进稍微厚一点的图书中压平吸干。这样，一张彩色的叶脉书签就制作成功了。

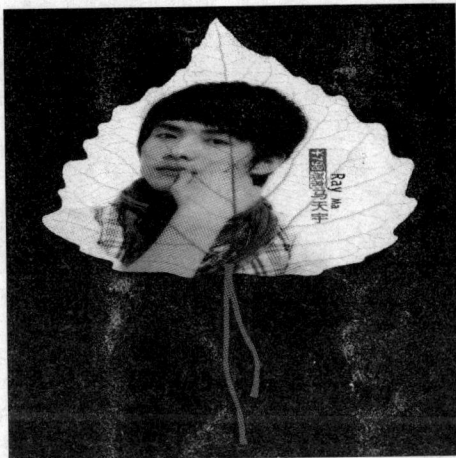

原理介绍

叶脉书签

树叶中的叶肉部分虽然容易腐烂，但叶脉却异常坚韧，即使是树叶上的叶肉都腐烂掉，叶脉仍可以维持叶片原来的形状。树叶用氢氧化钠溶液加热可以加快叶肉与叶脉的分离，对其进行漂白处理是为了把树叶的原色去除，便于之后对树叶染色。

注意

1. 漂白粉具有强氧化性，不论是在称量的过程中还是在配置溶液的过程中，最好戴上橡胶手套进行操作。

2. 用牙刷除去叶肉的时候要掌握好力度，以免把叶脉弄断。

化学趣味探索实验

3. 选取树叶时，尽量不要选取那些体积过小的树叶，应选择那些叶脉粗大、体积稍大的树叶。

4. 用落叶制作时，氢氧化钠的浓度应较高；而用新叶制作时，氢氧化钠的浓度可以适当低一点。

5. 如果没有氢氧化钠，可以用石灰水来代替。

把喷泉搬进实验室——喷泉实验

喷泉是通过使用一种特殊装置，对水或其他液体施加一定压力，使其通过喷头喷洒出来而形成的具有特定形状的景观。提供压力的装置一般为水泵。概括来说，喷泉可以分为两大类：一类是根据现有的地形结构特点而不添加过多人为因素进行修饰的喷泉，如壁泉、涌泉、雾泉、瀑布、水帘等；二是完全由人工制造的人造喷泉。这类喷泉由于没有过多的限制条件，所以，近年来在建筑领域得到广泛应用，发展速度很快，如音乐喷泉、程控喷泉、摆动喷泉、跑动喷泉、光亮喷泉、超高喷泉等。

喷泉实验是一个富有探索意义的实验，在整个中学化学教学中具有重要地位。

喷泉实验的基本原理是使烧瓶内外在很短的时间内产生较大的压强差，利用大气压将烧杯里面的液体压入烧瓶内，在尖嘴导管口处形成喷泉（如右图）。

做这个实验之前，首先需要把实验过程中用到的物品准备好。

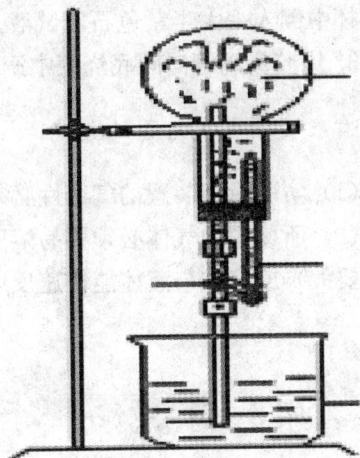

◆喷泉

◆喷泉实验装置

化学趣味探索实验

实验用品

烧杯、胶头滴管、圆底烧瓶、铁架台、紫色石蕊试液、二氧化硫

小书屋

二氧化硫是无色气体，有强烈的刺激性气味。煤和石油燃烧的时候都会生成二氧化硫气体。把二氧化硫溶于水中，就会生成亚硫酸。

二氧化硫可以被氧化生成三氧化硫，三氧化硫溶于水便生成硫酸。这也是环境保护者反对使用化石燃料作为能源的主要理由之一。

实验步骤

1. 在圆底烧瓶中充满二氧化硫气体。

2. 按第181页右下图把实验装置装好。事先在胶头滴管中装少量水，在烧杯中倒入一大半紫色石蕊试液。

3. 用胶头滴管向圆底烧瓶中滴入少量水。

喷泉实验成功与否的关键

（1）实验所用装置的气密性必须良好。

（2）所使用的气体必须要易溶于所用液体（即气体在所用液体中的溶解度要大）或气体与液体能快速反应。

轻松一刻

喷泉 自然界中，地下的水通过一定的通道喷射到空中是一种独特的景观。

实践篇

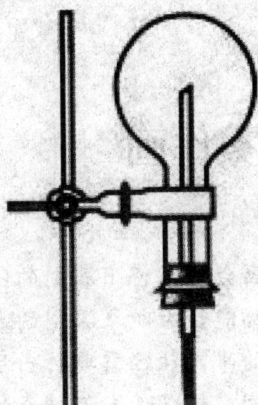

◆充二氧化硫气体

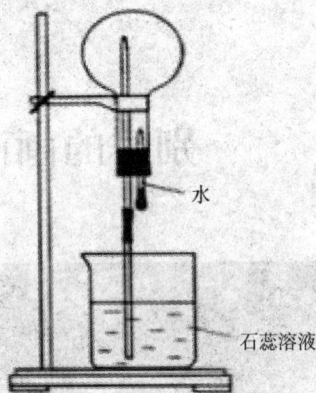

水

石蕊溶液

◆实验装置

广场中的喷泉一般是为了造景的需要由
建筑工人根据周边环境人为建造的景观。
喷泉可以湿润周围空气，减少尘埃，降
低气温。喷泉的细小水珠同空气中的分
子撞击能产生大量的负离子，因此，喷
泉具有改善城市面貌和增进居民身心健
康的作用。

◆喷泉

化学趣味探索实验

化
学
趣
味
探
索
实
验

别样的画画方式——喷雾作画

◆喷雾作画

颜色艳丽的画会给人留下深刻的印象，要想画出一幅能让人印象深刻的画并不是一件容易的事，往往需要付出巨大努力和大量时间。但是，我们神奇的化学实验就能够在短时间内画出一幅让人印象深刻的画。奇迹是怎么发生的呢？现在我们就和大家一起见证这种特殊的作画方法。

实验原理

$FeCl_3$ 溶液本身为黄色，当把它和硫氰化钾（KSCN）溶液混合时混合溶液呈现出血红色；当把它和亚铁氰化钾〔K_4〔Fe（CN）$_6$〕〕溶液混合时混合溶液呈现出蓝色；当把它和铁氰化钾〔K_3〔Fe（CN）$_6$〕〕溶液混合时混合溶液呈现出绿色，它在遇到苯酚时呈现出紫色。

实验用品

白纸、毛笔、喷雾器、木架、铁钉、溶液、亚铁氰化钾浓溶液、苯酚浓溶液。

实验步骤

1. 用毛笔分别蘸取硫氰化钾溶液、亚铁氰化钾浓溶液、铁氰化钾浓溶液、苯酚浓溶液在白纸

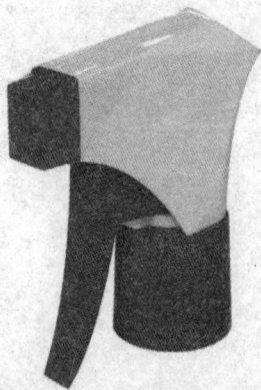

◆喷雾器

上各勾描一幅画的一部分。

2. 把画好的画儿纸放在通风处晾干。

3. 把 $FeCl_3$ 溶液倒入喷雾器中，在绘有图画的白纸上喷 $FeCl_3$ 溶液，不一会儿，一幅美丽的画作便产生了。

知识拓展——你还知道其他的变色实验吗？

现实生活中可以产生变色的实验有很多，如刚果红和稀盐酸反应，大红色变成蓝黑色。

用玻璃棒蘸少许浓硫酸涂在纸上，涂抹的地方会因为碳化而变成黑色。

有些带有颜色的金属离子，如铜离子、铁离子，都容易发生变色反应。比如硫酸铜和金属锌反应后会变无色，氯化铁和氢氧化钠反应静置一段时间后会有沉淀析出，而溶液本身变成无色。

酸碱中和反应时，用指示剂可以在临界点时看见颜色变化。

在高锰酸钾溶液里加还原剂，会有明显的颜色变化。

一些离子的显色：

Fe^{3+}（铁离子）一般使溶液变黄（$FeCl_3$）

Fe^{2+}（亚铁离子）一般使溶液变浅绿（$FeCl_2$）

Cu^{2+}（铜离子）一般使溶液变蓝（$CuSO_4$）

MnO_4^{7-}（高锰酸根离子）一般使溶液变紫（$KMnO_4$）

◆会变色的动物

化学趣味探索实验

变色的紫罗兰
——紫罗兰的变色实验

◆紫罗兰

化学趣味探索实验

　　每当看到美丽的紫罗兰花、可爱的牵牛花，你会联想到什么？你能想到这些花就是最初化学指示剂的来源吗？就像苹果不经意间落地，牛顿由此发现了万有引力。观察到紫罗兰的不经意间颜色变化，著名化学家波义耳解开了其变色之谜。当紫罗兰遇到酸碱性不同的物质时会显示出不同的颜色。波义耳通过不断的研究并提出了酸碱指示剂的概念。今天我们就通过紫罗兰的的变色实验重温化学家发现酸碱指示剂的历程。

实验用品

　　紫罗兰花瓣、白醋、蒸馏水、澄清石灰水、盐酸、食盐水、氨水、试管、酒精。

实验步骤

　　1. 把少量的紫罗兰花瓣研碎，加入酒精溶液中浸泡，半小时后把酒精过滤出来，得到植物色素提取液。将提取液装入试管中备用。
　　2. 将上述植物色素提取液分别滴入白醋、蒸馏水或澄清石灰水中，观察颜色的变化，并作好记录。
　　3. 用上述色素汁液为指示剂检验盐酸、食盐水、氨水的酸碱性。

原理介绍
紫罗兰的变色实验

植物的花瓣中含有一些色素，它们会随着溶液酸碱性的变化而变化，从而分子结构发生改变而显示出不同的颜色。因此，植物色素汁液可以提取出来作为酸碱指示剂。

小资料——石蕊的发现

把石蕊作为化学指示剂来检验溶液的酸碱性是英国化学家、物理学家波义耳首先发现并开始推广使用的。有一次，波义耳特地买了一束美丽的紫罗兰准备送给妻子，可就在他回家的路上，忽然产生了一个灵感，于是，他把花插在了实验室的花瓶里，便开始做实验。实验过程中他一个不小心，把几滴盐酸滴到了紫罗兰的花朵上。由于这些花是刚刚才买来的，他赶忙用清水去冲洗，可就在此时奇怪的现象发生了，波义耳看到紫罗兰花竟变成了红色！紫罗兰为什么会变红？波意耳感到很新奇，同时更多的是兴奋，他决心探根究底搞个水落石出。波义尔又用硝酸、硫酸、醋酸做实验，结果完全相同——花瓣变成了红色。

经过大量的实验验证，波义耳得出的结论为紫罗兰花的浸出液可用于鉴别一种溶液是否呈酸性。

化学趣味探索实验

给铁钉的"特护"
——制作不易生锈的铁钉

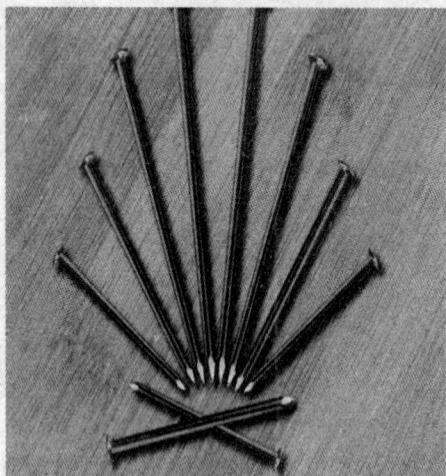

◆铁钉

铁钉在一般情况下很容易生锈，生锈的铁钉质量就会得不到保证，人们在使用的时候就会不放心，于是，人们就想，能不能让铁钉不那么容易生锈呢？

这个问题如果让化学家来回答，那么答案一定是肯定的。下面我们就见识一下停止铁钉生锈的化学实验吧！

化学趣味探索实验

实验用品

铁钉、三脚架、石棉网、酒精灯、烧杯、试管、稀盐酸、稀氢氧化钠溶液、氢氧化钠固体、硝酸钠、亚硝酸钠、蒸馏水。

实验步骤

1. 把铁钉投进装有氢氧化钠溶液的试管中，除去铁钉表面的油膜。

2. 把铁钉投进装有稀盐酸溶液的试管中，除去铁钉表面的镀锌层、氧化膜和铁锈。

3. 用烧杯溶解 2g 固体氢氧化钠、0.3g 硝酸钠和相当于前两者质量总和的亚硝酸钠。

4. 把铁钉投入烧杯中，用酒精灯加热，直至表面生成亮蓝色或黑色的物质为止。在这层物质的保护下，铁钉可以很长时间不生锈。

实验注意事项

氢氧化钠有强烈的腐蚀性，亚硝酸钠为剧毒物质，做实验时一定要采取必要的防护措施，注意自身安全！做完实验要把手彻底洗干净。

原理介绍
制作不易生锈的铁钉

亚硝酸根有一定的氧化性，特别是当其处于碱性环境中的时候，它的氧化性会更强。铁与亚硝酸根反应生成亚铁酸钠（$Na_2Fe_2O_4$）和氨水，亚铁酸钠不稳定，在亚硝酸根的作用下，铁表面分解产生致密氧化膜，阻止铁内部继续氧化，从而阻止了铁锈的生成。

小书屋
亚硝酸钠

亚硝酸钠的分子式：$NaNO_2$；分子量：69.00；CAS 号：7632-00-0；性质：属于胺类，为白色或微黄色斜方晶体，易溶于水和液氨，微溶于甲醇、乙醇、乙醚。

亚硝酸钠可用做织物染色的媒染剂，丝绸、亚麻的漂白剂，金属的热处理剂等。

小知识

我国每年因为钢铁生锈所造成的损失大约在 4 亿人民币。世界上每年因为钢铁生锈而造成的损失价值至少在 30 亿美元以上。据统计，目前全世界由于生锈而损失的钢材每年达 3000 万吨以上，世界上很多国家一年生产的钢铁总量还没有这么多，可见防止钢铁生锈会给人类挽回多么大的经济损失。

给温度计穿衣服
——彩色温度计的制作

　　世界上的很多物质都具有热胀冷缩的特性，比如，水、空气、水银和酒精等在加热的情况下体积都会膨胀，而在变冷的情况下体积则会缩小。因此，在日常生活中我们会发现夏天的电线往下垂，冬天的电线则绷得很直；铁路的路轨夏天变长、冬天变短，两根轨接续间的空隙就有大有小；踩瘪的乒乓球放到热水中，瘪下去的地方一下子就鼓起来了……这些都是因为热胀冷缩的缘故。人们正是利用物质的热胀冷缩原理制作温度计。通常所见的温度计大多是无色的，那么，彩色温度计可以制作出来吗？

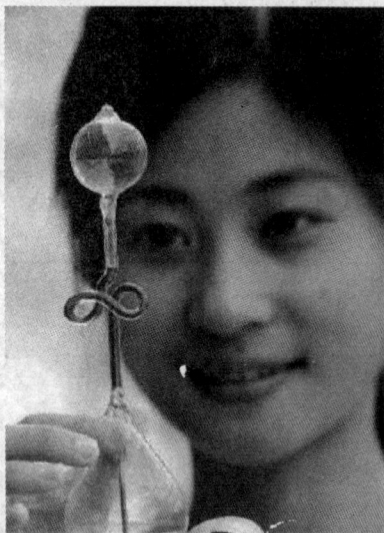

◆卡通温度计

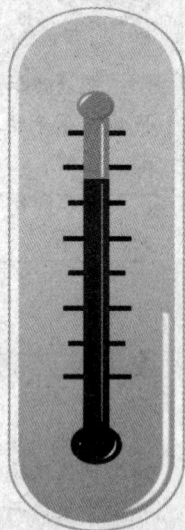

◆水银温度计

实验原理

　　氯化钴晶体在加热时逐步失去里面的结晶水，会形成含有不同结晶水

的钴的水合物，呈现出不同的颜色，因此，可以根据颜色的变化而推断出当前的温度。

实验用品

乙醇、红色氯化钴晶体、试管、酒精灯。

实验步骤

1. 在试管中加入少量红色氯化钴晶体（$CoCL_2 \cdot 6H_2O$），再向试管中加入乙醇，使氯化钴晶体溶解。

2. 观察试管中溶液在常温下的颜色，发现在常温下呈紫红色。然后对试管进行加热，发现伴随着温度升高，试管中溶液的颜色会由蓝紫色向纯蓝色转变。

温度计也可以是多姿多彩的。彩色温度计对于温度的变化是不是更容易观察呢？

动手做一做

1. 试着读出图示温度计所表示的度数。
2. 查资料了解温度计读数的注意事项。
3. 收集常用温度计，并学会读数。

化学趣味探索实验

小小魔术师——魔棒点灯

你能不用火柴只用玻璃棒就能把酒精灯点着吗？如果能的话，那么，玻璃棒又是被谁赋予神奇的功能可以用来点火呢？我们知道，化学药品里有一个闻名遐迩的"魔头"——浓硫酸，它潜藏着巨大的能量，可以发挥无比的威力和巨大的破坏性。

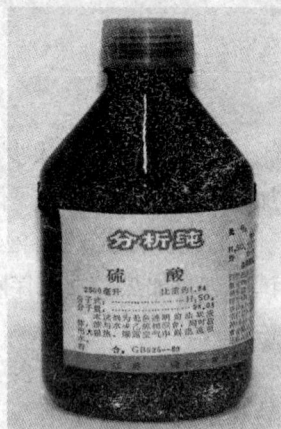

化学药品中的高锰酸钾也是一位"勇士"，当它遇到浓硫酸后，两个高手过招，有戏！当我们合理利用它们的时候，它们就会给我们带来意外的惊喜和奇迹。

◆浓硫酸

实验原理

高锰酸钾和浓硫酸反应：$2KMnO_4$（固）$+ H_2SO_4$（浓）$\longrightarrow K_2SO_4 + Mn_2O_7 + H_2O$，产生氧化性极强的 Mn_2O_7，Mn_2O_7 为高锰酸的酸酐，乙醇等易燃有机物一遇到氧化性极强的 Mn_2O_7 时便会立刻燃烧。

实验用品

高锰酸钾晶体、浓硫酸、酒精灯、表面皿、玻璃棒、药匙、胶头滴管等。

实验步骤

1. 实验前先把实验中要用的表面皿、玻璃棒等洗干净，用烘箱烘干备用。

2. 在表面皿上放少量的高锰酸钾晶体，用胶头滴管在高锰酸钾上滴2～3滴浓硫酸。

3. 用玻璃棒蘸取少量步骤 2 中配好的样品后去接触酒精灯的灯芯，酒精灯立刻就被点着了。

实验注意事项

这是一个有危险性的实验，所以，要注意实验的每个细节。

动手做一做

氯酸钾、过氧化钠、高锰酸钾等遇到浓硫酸时能生成氧气，同时还会放出大量的热，令局部温度迅速升高，达到酒精的着火点，使酒精燃烧；与此同时，反应产生的氧气又可以起到助燃的作用。既然这种方法能引燃酒精，那么，可不可以用这种方法来引燃燃点比酒精高的红磷和硫磺呢？为此，我们可以进行如下实验：在通风良好的室外，分别在两个坩埚中各放适量的红磷和硫磺，再在上面各放几粒氯酸钾或过氧化钠或高锰酸钾晶体，然后向坩埚中滴加浓硫酸，观察实验现象。我们会发现，红磷和硫磺都会被点燃。

化学趣味探索实验

另类的冰箱——化学冰箱

◆冰箱

从 20 世纪 90 年代开始，冰箱逐步进入每个家庭。在储存食物和冷藏食物方面，它扮演着不可替代的角色。但同时，它也带来了相应的环境问题，这就是氟氯昂对空气的污染，破坏臭氧层。宋丹丹和赵本山曾经演过一个小品《钟点工》，里面讲了这样一则关于冰箱的脑筋急转弯："把大象放进冰箱分几步？分三步。第一步，把冰箱门打开；第二步，把大象装进去；第三步，把冰箱门关上。"这让观众开怀大笑。那么能不能把大象装进化学冰箱里呢？

实验用品

保温瓶、铁丝、量筒、托盘天平、烧杯、硝酸铵（NH_4NO_3）。

实验步骤

1. 用托盘天平称取 5 份硝酸铵，每份 120g，分别装入密封袋中。

2. 用铁丝做一个支架，把待保鲜的食品放在这支架上。

3. 先用烧杯盛 100mL 水，然后将其中一份硝酸铵全部倒入烧杯中，不要搅拌。

4. 将上述烧杯放入保温瓶底部，把用铁丝做好的支架放在烧杯的上

方，最后将饮料或食品等放在铁架上，盖好保温瓶盖。

实验记录

放入保温瓶中的食物的温度可连续5个小时保持在5℃以下。

使用后的硝酸铵水溶液可以再生。方法是将硝酸铵水溶液加热浓缩或在室外敞口晾晒，使水分蒸发，硝酸铵晶体析出后，可重复使用。

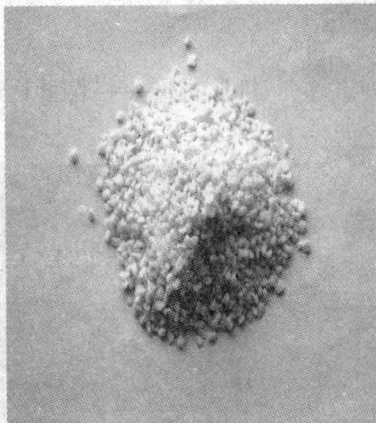

◆硝酸铵

原理介绍

化学冰箱

无机盐在水中的溶解包括两个过程，第一个过程为：组成无机盐的离子进入到水溶液中，这个过程是吸热过程；第二个过程为：无机盐的离子与水分子结合形成水合离子，这个过程是放热过程。无机盐溶解究竟是放热还是吸热，取决于这两个过程中的哪一个更明显。硝酸铵等少数盐类溶解时是第一个吸热过程特别明显，因而被用来做制冷剂。

历史趣闻

冰箱在古代称之为冰桶，是由古时候的"冰鉴"发展而来的。冰鉴是古代盛冰的容器，它是古时候用来保存食物的主要工具，尤其是在夏天，很多富贵人家往往都制备很多的冰鉴用来储存食物。《周礼·天官·凌人》："祭祀共（供）冰鉴"。可见周代当时已有原始的"冰箱"，那时候的"冰箱"外壳多用木头制作，也有的用藤条制作。

化学趣味探索实验

知识拓展——保温瓶

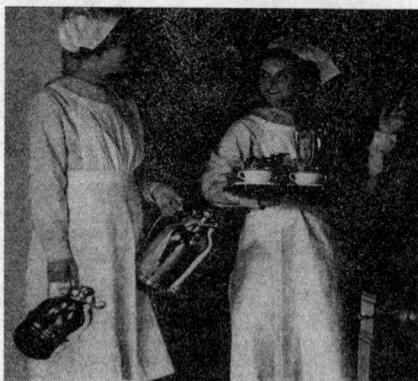

◆拿着保温瓶的女仆

保温瓶又叫杜瓦瓶，是苏格兰物理学家和化学家詹姆斯·杜瓦爵士发明的。有一年，杜瓦突发奇想，吩咐他的助手用玻璃制作了一个形状有点特殊的玻璃瓶。这是一个双层玻璃容器，在两层玻璃胆壁上都涂满银，然后把两层壁间的空气抽掉，形成真空。当瓶子制好后，他把一些热水倒进去，等过了几天以后，发现里面的水仍然很热。这一现象引起了他的好奇，后来，他查阅了大量的资料并做了大量是试验之后，终于研制出世界上最早的用来保温的瓶子——保温瓶。人们为了纪念他，就把这种瓶子称之为杜瓦瓶。

实验室中一些药品的装运、储藏往往需要在一定的恒温条件下进行，于是，杜瓦又对原先发明的杜瓦瓶进行了改进，于1906年研制成功了储藏液态氧的金属杜瓦瓶。后来，他又为铁路运输设计了容量为11万升的金属容器。

化学趣味探索实验

不一样的茶水——茶水变色

许多植物的色素都具有酸碱指示剂的功能，如花朵、卷心菜等，并能随外界酸碱性的不同而发生颜色变化。再如，把几片柠檬放入茶水中，茶水的颜色就会变浅，而当加入碱性物质的时候，茶水的颜色会变深。茶水中的化学成分很复杂，能发生的变色反应也很多，其中有些反应还被某些巫师用于迷信活动！比如，拿起一杯茶略晃一晃，浅棕色的茶水就变成了深色的"黑墨水"，换

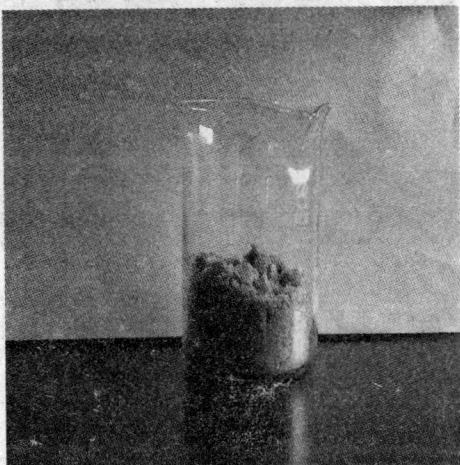

◆氯化亚铁

个手再晃一晃，"黑墨水"又变成了清亮的浅棕色，在这前后的变色过程中，关于"有祸"和"消灾"的骗人故事就编造出来了。然而，你知道吗？这一切都是很普通的化学变化。

实验用品

烧杯、滴管、浅棕色的茶水、氯化亚铁晶体、草酸。

实验步骤

取半烧杯浅棕色的茶水，投入一小粒氯化亚铁晶体。

实验现象

◆茶水

1. 开始并没有什么现象，这时，你只要晃一晃茶杯，一会儿，就会发现，茶水的颜色慢慢变深了，最后竟变为黑色。（如果改用氯化铁，只需滴加一滴浓度为5％的氯化铁溶液，茶水就立刻变成黑色。）

2. 用滴管向变成黑色的茶水中加入少量草酸，随着滴入草酸的增多，黑色又慢慢消失了，茶水又慢慢变回浅色，最后完全恢复到原来的颜色。如果再加些碱，茶水又变成了深色的"黑墨水"。再加些酸，茶水又变成了清亮的浅棕色。

化学趣味探索实验

原理介绍

茶水变色

　　亚铁盐在水溶液里很容易被氧化而生成三价的铁盐，茶水中含有鞣酸，鞣酸与三价铁能结合生成黑色的鞣酸铁。草酸是有机酸，具有还原性。草酸能与鞣酸铁中的铁发生反应，形成溶于水的配合物，从而使鞣酸铁的黑色完全褪尽。

知识拓展——色素

食品因色素更诱人

　　许多天然食品都具有其自身的特定色泽，当人们看到这些色泽时就能马上说出食品的名称，它是食品的重要感官指标。这些色泽不仅能增强人的食欲，促进消化液的分泌，而且还有利于消化和吸收。但是，天然食品在生产或保存的时候很容易褪色或变色，影响食品的美观，为了消除这个弊端，人们常常在加工食品

的过程中添加一些对人体无害的食用色素，以美化其外观。

　　在食品中添加色素已经有很长的历史了，在我国古代，人们在制作红酒的时候，为了让酒的颜色更好看，往往在红酒里面添加一点红曲色素。自从1856年英国人帕金合成出第一种人工色素——苯胺紫之后，人工合成色素开始迅速应用于食品工业，扮演着改善食品色泽的重要角色。

不一样的壶——能变魔术的壶

魔术是指那些可以给人带来特殊幻影的戏法。它往往在一瞬间内用敏捷的手法或特殊装置把真实的动作掩盖起来，使观众感觉到物体忽有忽无，变化不定，体验到一种神秘感。尤其是近几年，人们对魔术的热爱程度更深了，以至于在我国掀起了一场追捧魔术的热潮。

随着中外魔术师的交流日益增多，国外魔术大量传入我国。我国在消化吸收这些外国魔术的时候出现了南北两大流派。南派魔术艺人

◆精彩的魔术

侧重于汲取西欧的魔术表演的手法，其表演优美洒脱，语言简练；北派则更多地借鉴亚洲的魔术技巧，其表演讲究道具造型的宏伟壮丽，除表演细腻外，还注重语言的表达，这成为北派魔术的一个重要特点。

后来，随着国内魔术师之间的交流日益增多，相互取长补短，现在南北两派的差别已不十分明显了。

是不是只有魔术师才能把魔术演绎得非常完美呢？今天，我们就利用已经掌握的化学知识来给大家表演一个小魔术。

实验用品

咖啡壶、氯化铁、硫氰化钾溶液、硝酸银溶液、苯酚溶液、醋酸钠溶液、硫化钠溶液、亚铁氰化钾溶液、氢氧化钠溶液。

实验步骤

1. 取 7 个相同的酒杯，预先在 7 个酒杯中分别加入 1mL 下列溶液中的一种：硫氰化钾溶液、硝酸银溶液、苯酚溶液、醋酸钠溶液、硫化钠溶液、亚铁氰化钾溶液、氢氧化钠溶液，由于加入的量很少，所以从远处看上去酒杯就像是空的。

2. 在咖啡壶中配置 10％的氯化铁溶液。

3. 把 7 个酒杯并排放好，从事先准备好的盛有 10％的氯化铁溶液的咖啡壶中，向各杯中依次倒入约 60mL 氯化铁溶液，各杯依次呈现红色、乳白色、紫色、褐色、金黄色、青蓝色、红棕色。

◆咖啡壶

小书屋

苯酚，又名石炭酸、羟基苯，是最简单的酚类有机物，化学式为 C_6H_6O，常温下为一种无色晶体。苯酚是一种弱酸，有腐蚀性，微溶于水，易溶于有机溶剂；当温度高于 65℃时，能跟水以任意比例互溶。苯酚有毒，其溶液沾到皮肤上时可以用酒精清洗。苯酚暴露在空气中会呈现出特殊的粉红色。

小资料——中国魔术历史

关于魔术起源的时间现在还没有明确的结论。但可以肯定的是，早在新石器时期就已有魔术活动的踪迹。当时，人们对太阳、月亮、火、雨等自然现象无法

化学趣味探索实验

理解，只能把它们归结为神的力量。后来，人类征服自然的愿望越来越强烈，在外出打猎时，盼望着能猎取到丰富的猎物；种植庄稼的时候，希望庄稼能获得丰收。于是，头脑中便会自然地产生幻想。现在一些广为流传的神话故事就是从那时开始产生的，如"盘古开天辟地"、"女娲补天"、"夸父逐日"等等，这些都是早期魔术活动的证明。

把魔术当做一个具体节目进行表演，至少在两千多年前就已经出现。西汉元封三年，举行百戏盛会，会上，就有来自中国和其他国家的魔术艺人表演。如会上既有中国的传统魔术《鱼龙蔓延》、《入壶舞》等节目，又有罗马的魔术师表演了《吞刀》、《自缚自解》等西域魔术。

到了宋代，魔术开始进一步出现分化，那些热爱魔术表演的人经常聚集在一起，并成立了专业的魔术表演组织——云机社。宋代著名魔术家杜七圣就因擅长"杀人复活"的魔术而名噪一时。我国古代的魔术表演在世界上享有广泛盛誉，如《九连环》、《仙人栽豆》、《古彩戏法》等，均在世界魔术界产生过巨大影响。

化学趣味探索实验

现代"照妖镜"——现出盐形

日常生活中人们说到的盐是指食盐。在化学工业中，盐是一类物质的总称。食盐的主要成分 NaCl 属于盐类。人们是怎样获取 NaCl 的呢？晒盐！在一望无垠的海滩上，海水被拦截在一方方盐池里，海水蒸发以后，海水里的氯化钠就结成晶体了。1 吨海水里可以得到约 30 公斤食盐。这时得到的盐是粗盐。晒盐时太阳越毒、海风越大越有利于食盐晶体从海水中析出。食盐对人类的健康起着非常重要的作用，

◆海盐

特别是对一些体力劳动者来说。当他们身体中的盐不能满足正常需要的时候，就会感觉浑身无力。同时，食盐还是我们日常烹饪中最常用的调味品。2011 年 3 月 11 日，日本由于地震和海啸引发福岛核电站爆炸，人们为了防止核辐射出现了疯狂抢购食盐的现象。其实，吃食盐能防辐射的说法一点都没有科学根据，希望大家不要盲目跟从。

实验用品

酒精灯、铁架台、铁圈、蒸发皿、玻璃棒、烧杯、钥匙、食盐、蒸馏水。

海水之所以咸，是因为海水中有3.5%左右的盐，其中大部分是氯化钠，还有少量的氯化镁、硫酸钾、碳酸钙等。正是这些盐类使海水尝起来又苦又涩。

化
学
趣
味
探
索
实
验

实验步骤

1. 取 10g 左右的食盐放入小烧杯中，然后向烧杯加入蒸馏水，用玻璃棒搅拌，把食盐完全溶解。

2. 把烧杯中的食盐溶液倒入蒸发皿中，然后用酒精灯加热。加热的过程中要一直用玻璃棒搅拌，让溶剂慢慢蒸发。随着溶剂的蒸发，你会看到有白色晶体析出，最后，当用蒸发皿中的溶剂蒸干后，得到的就是纯净的食盐了。

◆食盐结晶装置

链接——我国舟山盐场海水晒盐的方法

◆海水晒盐

如今，我国沿海地区制盐采用的都是滩晒法，这种方法告别了过去刮泥取卤的历史，海盐的产量也有了大幅度的提高。滩晒法制盐是先把海水用抽水机抽上来，经渠道流入各单元滩，每天傍晚逐格放下一步池，一天一走水，使卤水排列有序。这样经过每天的走水、风吹、日晒后，得到的是粗盐，粗盐经过细加工后就可以制得我们日常生活中食用的食盐。

小小特工——破译密写书信

密写书信、文件通常用在特殊场合。因密写信件用无色溶液书写，所以从表面上看与一张白纸无异。密信曾经是间谍从事情报工作并顺利完成任务不可或缺的助手。解放战争时期，许多军事情报就是用这类信件传递的。历史上还发生过许多有关破译密写信的曲折离奇的故事。书写密写信和破译密写信一般都要通过特殊手段来完成。

◆书写密写信

化学趣味探索实验

那么，我们能不能用化学方法来书写、破译一份像上面那样的密写文件呢？

实验用品

氢氧化钠溶液、碘酒溶液、氯化铁溶液、淀粉溶液、硫氰酸钾溶液、酚酞溶液、醋酸溶液、酒精灯、毛笔。

实验步骤

1. 取出实验要用的密写信，依次用毛笔蘸取浓度为4%氢氧化钠溶液、2%碘酒溶液、5%氯化铁溶液，涂在信纸上。观察信纸是否有颜色变化。若无颜色变化，再将信纸靠近酒精灯烘烤，观察是否有局部先期碳化的字迹出现。

　　2.如果涂上某种溶液后信纸有颜色变化即用该种溶液涂满整篇密写信，读出密写信中的内容。

　　3.根据信纸的颜色变化确定密写药水和密写信件的内容。

◆实验用具

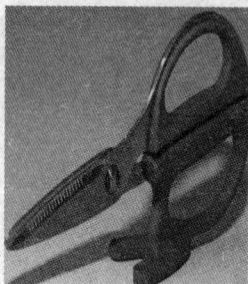
◆实验示意图

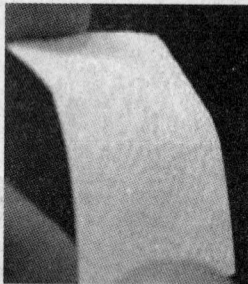
◆实验意示图

──小故事

　　在以前通信尚不发达的年代，寄信和密写药水是间谍最常用的法宝……

　　1917年11月5日，美国军事情报处收到英国反间谍部门通过用密写信的方式提供的重要情报："一位不明身份的德国间谍已赴美国，奉命将1万美元交给新泽西州霍博肯市辛克莱路21号的费洛斯。若此人不在，就交给纽约长岛伍德赛德东大街43号的拉姆。"但英国情报部门没有说明间谍的姓名和背景材料。

　　1918年1月6日，新泽西州截获一封寄给费洛斯的信件，信纸上面什么也没写，而且信封里除了一张信纸外什么也没有。这引起了反间谍专家们的注意。在对信件作了密信显示的特殊处理后，他们成功地阻止了重要情报的泄漏。

自己脱衣
——香蕉自己脱皮

香蕉，古代称为甘蕉。香蕉肉质软糯，香甜可口。长期以来，香蕉以其独特的口味和丰富的营养深受人们的喜爱。众所周知，吃香蕉就要剥皮，那么，你有没有听说过香蕉能自己脱皮呢？下面我们就教大家一种实验室中香蕉自己脱皮的方法。

◆脱皮香蕉

实验用品

玻璃瓶、香蕉（最好是熟透的）、酒精或白酒、火柴、纸片。

实验步骤

1. 把一个熟透的香蕉末端的皮稍稍拨开。
2. 向玻璃瓶中倒入少量白酒，用火柴把纸点燃后放入瓶内，点燃瓶中的白酒。
3. 将香蕉末端放在瓶口上，让香蕉肉完全堵住瓶口，香蕉皮留在外面。

这样，香蕉就可以自己脱皮了。

化学趣味探索实验

化学趣味探索实验

原理介绍

跳脱衣舞的香蕉

白酒的成分主要是酒精和水，酒精和水占白酒总量的 99％ 以上，其他成分约占 1％，其中包括有甲醇、多元醇、醛类、羧酸、酯类等。浓度为 100％ 酒精的燃点为 75℃；与水混合浓度越低。燃点越低，燃烧时放出大量热，产生的热量使瓶内的气体膨胀，膨胀的气体就充当了香蕉脱皮的助手。实验涉及的反应为：

$$C_2H_5OH \ (l) +3O_2 \ (g) \longrightarrow 2CO_2 \ (g) +3H_2O \ (g)$$

知识拓展——香蕉的神奇作用

◆紧张的情绪

我们熟悉的香蕉通常含有三种天然糖分：蔗糖、果糖和葡萄糖，另外，香蕉中还含有丰富的纤维质。香蕉除了能当做食品外，香蕉中还具有一些中草药的功效。如香蕉对很多疾病都有一定的疗效。

贫血：香蕉铁质含量高，能刺激血液内的血色素，这对贫血患者无疑是一个喜讯，他们可以通过食用香蕉治疗自己的贫血了。

血压高：香蕉里面有大量的钾，但香

◆猴子与香蕉

◆贫血的红细胞

蕉中所含的盐份低，是降压食品中最理想的选择。最近，美国食品及药物管理局宣布，允许宣传吃香蕉能降低血压高和中风。

脑力：研究显示，含丰富钾质的香蕉能提高学生的专注力，对他们读书有所帮助。在英国，经常有学生为了要提升脑力，辅助考试，每天在早餐和午饭的时候吃香蕉。

便秘：很多人对香蕉的这一功能可能不是很了解，因为香蕉中含有的纤维质很高，可帮助恢复肠胃正常活动，消除便秘，无需服用其他轻泻剂之类的药物就能对便秘有很好的疗效。

心绞痛：香蕉对身体有一种天然的制酸性，同时也具有镇痛作用。那些经常心绞痛的人可以在早餐后或午饭前吃一根香蕉，这对缓解心绞痛具有神奇的疗效。另外，吃少量香蕉还可保持血糖水平。

化学趣味探索实验